水利工程建设项目管理

杜　辉　张玉宾　著

延边大学出版社

图书在版编目(CIP)数据

水利工程建设项目管理 / 杜辉，张玉宾著. —— 延吉：
延边大学出版社，2021.6
ISBN 978－7－230－01479－3

Ⅰ.①水… Ⅱ.①杜… ②张… Ⅲ.①水利工程－基本
建设项目－工程项目管理－高等学校－教材 Ⅳ.①TV512

中国版本图书馆 CIP 数据核字(2021)第 128270 号

水利工程建设项目管理

著者:杜辉　张玉宾
责任编辑:金　鑫
封面设计:曾宪春
出版发行:延边大学出版社
社址:吉林省延吉市公园路 977 号　　　**邮编**:133002
网址:http://www.ydcbs.com
E－mail:ydcbs@ydcbs.com
电话:0433－2732435　　　　**传真**:0433－2732434
发行部电话:0433－2732442　　**传真**:0433－2733266
印刷:北京市彩虹印刷有限责任公司
开本:787×1092 毫米　　　1/16
印张:11.5　　　　　　　　　**字数**:190 千字
版次:2021 年 6 月第 1 版
印次:2021 年 6 月第 1 次
ISBN 978－7－230－01479－3

定价:43 元

前言
Preface

　　水利工程是国民经济的基础设施，是水资源合理开发、有效利用和水旱灾害防治的主要工程措施。在解决我国水资源短缺、洪涝灾害、水土流失等问题方面，水利工程的建设与实施具有无可替代的重要作用。随着我国建筑业管理体制改革的不断深化，以工程项目管理为核心的中国水利水电施工企业的经营管理体制产生了很大的变化，这就要求企业必须对施工项目进行规范、科学的管理。

　　水利工程建设项目管理是指以水利工程建设项目为管理对象，为实现其特定的建设目标，在项目建设周期内对有限的资源进行计划、组织、协调、控制的系统管理活动。水利工程建设项目管理是具有行业特点的建设项目管理，它不同于其他非项目管理活动，具有如下特征：

　　（1）管理的目标明确，即高效率地实现工程项目的建设目标，它是检验项目管理成败的标志。

　　（2）实行项目经理负责制。

　　（3）用系统工程的理论和方法对建设项目进行科学的系统管理。

　　全书共计八个章节，可分为四个部分：第一部分为第一章至第二章，主要讲述了水利工程建设项目管理的程序以及模式；第二部分为第三章至第四章，主要讲述了水利工程建设的招投标问题以及合同管理；第三部分为第五章至第七章，主要讲述了水利工程的施工组织管理、建设程序、安全管理及质量管理；第四部分为第八章，主要讲述了水利工程项目的竣工与验收，以及工程移交与遗留问题处理。

　　虽然笔者认真工作、努力钻研，但由于时间紧迫和水平有限，书中存在错误和疏漏之处在所难免，敬请有关专家学者和广大读者不吝赐教，以便改进。

C目录
Contents

第一章 水利工程建设项目管理程序 ·········· 7

第一节 水利工程建设项目前期设计工作 ·········· 7

一、项目建议书阶段 ·········· 7

二、可行性研究报告阶段 ·········· 8

三、初步设计阶段 ·········· 8

第二节 水利工程建设的实施与收尾工作 ·········· 9

一、水利工程建设的实施 ·········· 9

二、水利工程建设的实施 ·········· 10

第二章 水利工程项目管理模式 ·········· 15

第一节 工程项目管理概述 ·········· 15

一、工程项目管理基本理论 ·········· 15

第二节 我国水利工程项目管理模式的选择 ·········· 17

一、我国工程项目管理模式 ·········· 17

二、我国水利工程项目管理模式的选择 ·········· 19

第三节 水利工程项目管理模式发展的建议 ·········· 23

一、创建国际型工程公司和项目管理公司 ·········· 23

二、我国水利工程项目管理模式的选择 ·········· 27

第三章 我国水利工程项目招投标 ·········· 33

第一节 招标程序 ·········· 33

第二节 招标文件编制 ·········· 35

一、招标的主要特点 ……………………………………………35

二、施工招标文件编制的依据 ……………………………………36

三、施工招标文件的主要内容 ……………………………………37

第三节 投标程序 ……………………………………………………40

一、水利水电工程施工投标的一般程序 …………………………40

二、投标活动的主要内容 …………………………………………40

第四节 投标文件编制 ………………………………………………43

一、投标文件的编制要求 …………………………………………43

二、投标估价及其依据 ……………………………………………45

三、投标报价的程序 ………………………………………………46

第五节 开标程序 ……………………………………………………49

一、开标活动 ………………………………………………………49

二、开标程序 ………………………………………………………50

第六节 评标与定标 …………………………………………………51

一、最低投标价法 …………………………………………………51

二、二阶段评标法 …………………………………………………54

第四章 我国水利工程建设项目合同管理 ………………………57

第一节 项目合同管理概述 …………………………………………57

一、我国工程项目合同管理的发展 ………………………………57

二、我国当前工程项目合同管理存在的问题 ……………………58

三、合同文件与合同管理的依据 …………………………………58

第二节 监理人在合同管理中的作用和任务 ………………………60

一、监理人的作用 …………………………………………………60

二、监理人的任务 …………………………………………………61

第三节 施工准备阶段的合同管理 …………………………………62

一、提供施工条件 …………………………………………………62

二、检查承包人施工准备情况 ……………………………………63

第四节 施工期的合同管理 …………………………………………63

一、工程进度管理 …………………………………………………64

二、现场作业和施工方法的监督与管理 …………………………68

三、 工程质量控制 ·· 71

四、 投资控制和费用支付 ·································· 74

五、 合同项目变更 ·· 81

六、 工程索赔处理 ·· 82

七、 合同违约的处理 ·· 85

第五节 合同验收与保修 ··· 87

一、 合同验收 ·· 87

二、 工程保修 ·· 89

第五章 水利工程施工组织与进度控制 ················ 91

第一节 水利工程施工组织 ····································· 91

一、 施工方案、设备的确定 ····························· 91

二、 主体工程施工方案 ···································· 92

第二节 水利工程进度控制 ····································· 96

一、 水利工程进度控制的定义 ························· 96

二、 影响进度因素 ·· 96

三、 工程项目进度计划 ···································· 96

四、 进度控制措施 ·· 97

第六章 施工安全管理 ··· 99

第一节 建筑工程安全管理概述 ····························· 99

一、 安全管理概念 ·· 99

二、 工程施工特点 ··· 102

第二节 施工安全因素 ··· 103

一、 安全因素特点 ··· 103

二、 安全因素辨识过程 ···································· 103

第三节 安全管理体系 ··· 106

一、 安全管理体系内容 ···································· 106

二、 安全管理体系建立步骤 ···························· 108

第四节 施工安全控制 ··· 109

一、 安全操作要求 ……………………………………… 109

二、 安全控制要点 ……………………………………… 112

第五节 安全应急预案 …………………………………………… 116

一、 事故应急预案 ……………………………………… 116

二、 应急预案的编制 …………………………………… 117

三、 应急预案的内容 …………………………………… 118

四、 应急预案的编制步骤 ……………………………… 120

六、 应急预案管理 ……………………………………… 123

第六节 安全事故处理 …………………………………………… 125

一、 工伤事故概述 ……………………………………… 125

二、 事故处理程序 ……………………………………… 126

第七章 水利工程质量管理 …………………………………… 129

第一节 水利工程质量概述 ……………………………………… 129

一、 工程质量的定义 …………………………………… 129

二、 影响工程质量的因素 ……………………………… 130

第二节 质量控制体系 …………………………………………… 132

一、 质量控制责任体系 ………………………………… 132

二、 建筑工程质量政府监督管理的职能 ……………… 134

第三节 全面质量管理 …………………………………………… 135

一、 全面质量管理的定义 ……………………………… 135

二、 全面质量管理 PDCA 循环 ………………………… 136

三、 全面质量管理要求 ………………………………… 137

第四节 质量控制方法 …………………………………………… 140

一、 质量控制的方法 …………………………………… 140

二、 施工质量控制的手段 ……………………………… 142

第五节 工程质量评定 …………………………………………… 145

一、 工程质量评定标准 ………………………………… 145

二、 工程项目施工质量评定表的填写方法 …………… 146

三、 工程质量评定表 …………………………………… 148

第六节 质量统计分析 …………………………………………… 149

一、 工程质量数据 ·· 149

二、 质量控制统计方法 ·· 150

第七节 质量事故处理 ··· 153

一、 事故处理必备条件 ·· 153

二、 事故处理要求 ·· 154

三、 质量事故处理的依据 ·· 154

第八章 水利工程项目竣工验收 ··································· 161

第一节 水利工程验收的分类及工作内容 ····························· 161

一、 工程验收的目的 ·· 161

二、 验收的分类 ·· 161

三、 工程验收的主要依据和工作内容 ······························ 162

第二节 法人验收 ··· 162

一、 分部工程验收 ·· 163

二、 单位工程验收 ·· 164

三、 合同工程完工验收 ·· 165

第三节 阶段验收 ··· 166

一、 阶段验收的一般规定 ·· 166

二、 阶段验收的主要内容 ·· 166

三、 枢纽工程导（截）流验收 ···································· 167

四、 水库下闸蓄水验收 ·· 167

五、 引（调）排水工程通水验收 ·································· 168

六、 水电站（泵站）机组启动验收 ································ 168

七、 部分工程投入使用验收 ······································ 170

第四节 专项验收 ··· 171

一、 档案资料专项验收 ·· 171

二、 征地移民专项验收 ·· 173

三、 其他专项工程验收 ·· 173

第五节 竣工验收 ··· 173

一、 竣工验收的一般规定 ·· 173

二、竣工验收自查 ……………………………………………………175

　　三、工程质量抽样检测 ………………………………………………175

　　四、竣工技术预验收 …………………………………………………176

　第六节 工程移交及遗留问题处理 ……………………………………176

　　一、工程交接 …………………………………………………………176

　　二、工程移交 …………………………………………………………177

　　三、验收遗留问题及尾工处理 ………………………………………177

　　四、工程竣工证书颁发 ………………………………………………177

参考文献 ………………………………………………………………179

第一章 水利工程建设项目管理程序

水利工程是国民经济的基础设施，是水资源合理开发、有效利用和水旱灾害防治的主要工程措施。在解决我国水资源短缺、洪涝灾害、水土流失等问题方面，水利工程的建设与实施具有无可替代的重要作用。为了对水利工程建设进行有效管理，国家制定了严格的水利工程建设程序。水利工程建设程序一般分为：项目建议书、可行性研究报告、初步设计、施工准备（包括招标设计）、建设实施、生产准备、竣工验收、后评价等阶段。

第一节 水利工程建设项目前期设计工作

水利工程建设项目根据国家总体规划以及流域综合规划，开展前期工作。根据《水利工程建设项目管理规定》（2017年修正），水利工程建设项目前期设计工作包括提出项目建议书、可行性研究报告和初步设计（或扩大初步设计）。项目建议书和可行性研究报告由项目所属的行政主管部门组织编制后，报上级政府主管部门审批。大中型及限额以上的水利工程项目由水利部提出初审意见（水利部一般委托水利部水利水电规划设计总院或项目所属流域机构进行初审）后，报国家发展和改革委员会（以下简称国家发改委，国家发改委一般委托中国工程投资咨询公司进行评估）审批。初步设计由项目法人委托具备相应资质的设计单位设计后，报项目所属的行业主管部门审批。

一、项目建议书阶段

项目建议书应根据国民经济和社会发展规划、流域综合规划、区域综合规划、专业规划，按照国家产业政策和国家有关建设投资方向，经过调查、预测，提出建设方案并经初步分析论证后进行编制，是对拟进行建设项目的必要性和可能性提出的初步说明。

水利工程的项目建议书一般由项目主管单位委托具有相应资质的工程咨询或设计单位

按照《水利水电工程项目建议书编制规程》(SL 617—2013)编制。①

报批程序为：大中型项目、中央项目、中央全部投资或参与投资的项目，由国家发改委审批；小型或限额以下项目，按隶属关系，由各主管部门或省、自治区、直辖市和计划单列市发展改革委员会审批。

二、 可行性研究报告阶段

根据批准的项目建议书，可行性研究报告应对项目进行方案比较，对技术上是否可行和经济上是否合理进行充分的科学分析和论证。可行性研究是项目前期工作最重要的内容，它从项目建设和运行的全过程分析项目的可行性。其结论为投资者最终决策提供直接的依据。经过批准的可行性研究报告，是初步设计的重要依据。

水利工程的可行性研究报告一般由项目主管部门委托具有相应资格的设计单位或咨询单位按照《水利水电工程可行性研究报告编制规程》(SL618—2013)编制。可行性研究报告报批时，应将项目法人组建机构设置方案和经环境保护主管部门审批通过的项目环境影响评价报告同时上报。②

可行性研究报告审批程序与项目建议书一致，可行性研究报告审批通过后，项目即立项。

三、 初步设计阶段

根据批准的可行性研究报告开展的初步设计是在满足设计要求的地质勘察工作及资料的基础上，对设计对象进行的通盘研究，进一步论证拟建项目工程方案在技术上的可行性和经济上的合理性，确定项目的各项基本参数，编制项目的总概算。其中概算静态总投资原则上不得突破已批准的可行性研究报告估算的静态总投资。当由于工程项目基本条件发生变化，引起工程规模、工程标准、设计方案、工程量的改变，其静态总投资超过可行性研究报告相应估算静态总投资15%以下时，要对工程变化的内容和增加的投资提出专题分析报告。超过15%以上时，必须重新编制可行性研究报告并按原程序报批。

初步设计报告按照《水利水电工程初步设计报告编制规程》(SL 619—2013)编制，同时上报项目建设及建成投入使用后的管理机构的批复文件和管理维护经费承诺文件。经批准后的初步设计的主要内容不得修改或变更，并作为项目建设实施的技术文件基础。在

---

①注：堤防加高、加固工程，病险水库除险加固工程，拟列入国家基本建设投资年度计划的大型灌区改造工程，节水示范工程，水土保持、生态建设工程以及小型省际边界工程可简化立项程序，直接编制项目可行性研究报告申请立项。

②注：对于总投资2亿元以下的病险水库除险加固，可直接编制初步设计报告。

工程项目建设标准和概算投资范围内，经过批准的初步设计报告，进行一般非重大设计变更、生产性子项目之间的调整，需要由主管部门批准。在主要内容上有重要变动或修改（包括工程项目设计变更、子项目调整、概算调整）等，应按程序上报原批准机关复审同意。

第二节 水利工程建设的实施与收尾工作

一、水利工程建设的实施

（一）施工准备阶段

若水利工程建设项目初步设计报告已获批准，项目投资来源基本落实，就可以进行主体工程招标设计、组织招标工作，以及现场施工准备工作等。

施工准备阶段主要包括工程项目的招投标（监理招投标、施工招投标）、征地移民、施工临建和"四通一平"（即通水、通电、通信、通路、场地平整）等工作。同时项目法人需向主管部门办理质量监督手续和开工报告等。

项目法人或建设单位按审批权限，向主管部门提出主体工程开工申请报告，经批准后，方能正式开工。

主体工程开工，必须具备以下条件：

（1）前期工程各阶段文件已按规定批准。

（2）建设项目已列入国家或地方的年度建设计划，年度建设资金已落实。

（3）主体工程招标已经决标，工程承包合同已经签订，并得到主管部门同意。

（4）现场施工准备和征地移民等建设外部条件能够满足主体工程开工需要。

（5）施工详图设计可以满足初期主体工程施工需要。

（二）建设实施阶段

工程建设项目的主体工程开工报告经批准后，监理工程师应对承包人的施工准备情况进行检查，确认能够满足主体工程开工的要求后，总监理工程师即可签发主体工程开工令，标志着工程正式开工，工程建设由施工准备阶段进入建设实施阶段。

项目建设单位要按批准的建设文件，充分发挥管理的主导作用，协调设计、监理、施工，以及地方等各方面的关系，实行目标管理。建设单位应与设计、监理、工程承包等单位签订合同，各方应严格履行合同。

（1）项目建设单位要建立严格的现场协调或调度制度，及时研究和解决设计、施工

的关键技术问题，从整体效益出发，认真履行合同，积极处理好工程建设各方的关系，为施工创造良好的外部条件。

（2）监理单位受项目建设单位委托，按合同规定，在现场从事组织、管理、协调、监督工作。同时，监理单位要站在独立、公正的立场上，协调建设单位与其他单位之间的关系。

（3）设计单位应按合同和施工计划及时提供施工详图，并确保设计质量。按工程规模，派出设计代表进驻施工现场，解决施工中出现的与设计有关的问题。施工详图经监理单位审核后移交承包人施工。设计单位应对施工过程中承包人提出的合理化建议认真分析、研究，并及时修改设计，如不能采纳应说明原因，若有意见分歧，由建设单位组织设计、监理、施工各方共同分析研究，形成结论意见备案。如涉及初步设计重大变更问题，应由原初步设计批准部门审定。

（4）施工企业要切实加强管理，认真履行签订的承包合同。在每一个子项目实施前，要将所编制的施工计划、技术措施及组织管理情况报项目建设单位或监理人审批。

二、水利工程建设的实施

（一）生产准备阶段

生产准备是为保证工程竣工投产后能够有效发挥工程效益而进行的机构设置、管理制度制定、人员培训、技术准备、管理设施建设等工作。

近年来，由于国家积极推行项目法人责任制，项目的筹建、实施、运行管理全部由项目法人负责，项目法人在筹建、实施中就项目未来的运行管理等方面进行了规划和准备，建设管理人员基本都参与到未来项目的运行管理中，为项目的有效运行提前做好了准备。项目法人责任制的推行，使得项目建设与运行管理脱节的问题得到了有效解决。

（二）工程验收阶段

水利工程验收是全面考核建设项目成果的主要程序，要严格按照国家和水利部颁布的验收规程进行。

1.阶段验收

阶段验收是工程竣工验收的基础和重要内容，凡能独立发挥作用的单项工程均应进行阶段验收，如截流（包括分期导流）、下闸蓄水、机组起动、通水等，都是重要的阶段验收。

2.专项验收

专项验收是对服务于主体工程建设的专项工程进行的验收，包括征地移民专项验收、环境保护工程专项验收、水土保持工程专项验收和工程档案专项验收。专项验收的程序和要求应按照水利行业有关部门的要求进行，不进行专项验收的专项工程项目，不得进行工程竣工验收。

3. 工程竣工验收

（1）工程基本竣工时，项目建设单位应按验收规程要求组织监理、设计、施工等单位提出有关报告，并按规定将施工过程中的有关资料、文件、图纸造册归档。

（2）在正式竣工验收之前，应根据工程规模由主管部门或由主管部门委托项目建设单位组织初步验收，对初验查出的问题应在正式验收前解决。

（3）质量监督机构要对工程质量提出评价意见。

（4）验收主持部门根据初验情况和项目建设单位的申请验收报告，决定竣工验收的具体有关事宜。

国家重点水利建设项目由国家计委会同水利部主持验收。

部属重点水利建设项目由水利部主持验收。部属其他水利建设项目由流域机构主持验收，水利部进行指导。

中央参与投资的地方重点水利建设项目由省（自治区、直辖市）政府会同水利部或流域机构主持验收。

地方水利建设项目由地方水利主管部门主持验收。其中，大型建设项目验收，水利部或流域机构派员参加；重要中型建设项目验收，流域机构派员参加。

（三）后评价阶段

水利工程项目后评价是水利工程基本建设程序中的一个重要阶段，是对项目的立项决策、设计施工、竣工生产、生产运营等全过程的工作及其变化的原因，进行全面系统的调查和客观的对比分析后做出的综合评价。其目的是通过工程项目的后评价，总结经验，汲取教训，不断提高项目决策、工程实施和运营管理水平，为合理利用资金、提高投资效益、改进管理、制定相关政策等提供科学依据。

1. 项目后评价组织

水利工程建设项目的后评价组织层次一般按三个层次组织实施，包括：项目法人的自我评价、项目行业的评价、计划部门（或主要投资方）的评价。

2. 项目后评价的方法和依据

（1）后评价的方法

①统计分析法。包括对项目已经发生事实的总结，以及对项目未来发展的预测。因此，在后评价中，只有具有统计意义的数据才是可比的。后评价时点前的统计数据是评价

对比的基础，后评价时点的数据是对比的对象，后评价时点以后的数据是预测分析的依据。根据这些数据，采用统计分析的方法，进行评价预测，然后得出结论。

② 有无对比法。后评价方法的一条基本原则是对比原则，包括前后对比，预测和实际发生值的对比。有无对比法是通过对比找出变化和差距，分析问题出现的原因。

③ 逻辑框架法。这是一种概念化论述项目的方法，即用一张简单的框图来分析一个复杂项目的内涵和关系，将几个内容相关、必须同步考虑的动态因素组合起来，通过分析其中的关系，从设计、策划、目的、目标等角度来评价一项活动或工作。它是事物的因果逻辑关系，即"如果"提供了某种条件，"那么"就会产生某种结果；这些条件包括事物内在的因素和事物所需要的外部因素。此方法为项目计划者或评价者提供一种分析框架，用以确定工作的范围和任务，并对项目目标和达到目标所需要的手段进行逻辑关系的分析。

（2）后评价的依据

项目后评价的依据为项目各阶段的正式文件，主要包括项目建议书、可行性研究报告、初步设计报告、施工图设计及其审查意见和批复文件、概算调整报告、施工阶段重大问题的请示及批复文件、工程竣工报告、工程验收报告、审计后的工程竣工决算及主要图纸等。

3. 项目后评价成果

项目后评价报告是评价结果的汇总，应真实反映情况，客观分析问题，认真总结经验。同时，后评价报告也是反馈经验教训的主要文件形式，必须满足信息反馈的需要。

（1）后评价报告的编写要求

报告文字准确清晰，尽可能不用过分专业化的词汇。

（2）后评价报告的内容

① 项目背景。包括项目的目标和目的、建设内容、项目工期、资金来源与安排、后评价的任务要求以及方法和依据等。

② 项目实施评价。包括项目设计、合同情况、组织实施管理情况、投资和融资、项目进度情况。

③ 效果评价。包括项目运营和管理评价、财务状况分析、财务和经济效益评价、环境和社会效果评价、项目的可持续发展状况。

④ 结论和经验教训。包括项目的综合评价、结论、经验教训、建议对策等。

（3）后评价报告格式

报告的基本格式包括报告的封面（包括编号、密级、后评价者名称、日期等）、封面内页（世行和亚行要求说明的汇率、英文缩写及其他需要说明的问题）、项目基础数据、地图、报告摘要、报告正文（包括项目背景、项目实施评价、效果评价、结论和经验教训）、附件（包括项目的自我评价报告、项目后评价专家组意见、其他附件）、附表（包括项目主要效益指标对比表、项目财务现金流量表、项目经济效益费用流量表、企业效益指标有无对比表、项目后评价逻辑框架图、项目成功度综合评价表）。

第二章 水利工程项目管理模式

第一节 工程项目管理概述

一、工程项目管理基本理论

（一）工程项目管理的定义与特点

1.工程项目管理的定义

工程项目管理是指从事工程项目管理的企业受业主委托，按照合同的相关规定，代表业主对工程项目的组织实施进行全过程或若干阶段的管理和服务。

2.工程项目管理的特点

（1）工程项目管理是一种一次性管理。不同于工业产品的大批量重复生产，更不同于企业或行政管理过程的复杂化，工程项目的生产过程具有明显的单件性。因此，工程项目管理就是以某一个建设工程项目为对象的一次性任务承包管理方式。

（2）工程项目管理是一种全过程的综合性管理。项目的可行性研究、勘察设计、招标投标以及施工等阶段，都包含着项目管理，对于项目进度、质量、成本和安全的管理又分别穿插其中。工程项目的特性是其全寿命周期是一个有机的成长过程，项目各阶段既有明显界限，又相互有机衔接，不可间断。同时，由于社会生产力的发展，社会分工越来越细，工程项目全寿命周期的不同阶段逐渐由不同专业的公司或独立部门去完成。因此，需要提高工程项目管理的要求，综合管理工程项目生产的全部过程。

（3）工程项目管理是一种约束性强的控制管理。项目管理的重要特点是在限定的合同条件范围内，项目管理者需要保质保量完成既定任务，达到预期目标。此外工程项目还具有诸多约束条件，如工程项目管理的一次性、目标的明确性、功能要求的既定性、质量的标准性、时间的限定性和资源消耗的控制性等，这些条件就决定了需要加强工程项目管理的约束度。因此，工程项目管理是强约束管理。这些约束条件是项目管理的条件，也是不可逾越的限制条件。

（二） 工程项目管理的任务

工程项目管理贯穿于工程项目建设的全过程。从拟定规划开始，直到建成投产为止，期间所经历的各个生产过程，以及所涉及的建设单位、咨询单位、设计单位等各个不同单位在项目管理中关系密切，但是由于项目管理组织形式的不同，在工程项目进展的不同阶段各单位又承担着不同的任务。因此，推进工程项目管理的主体可以包括建设单位、相关咨询单位、设计单位、施工单位以及为特大型工程组织的代表有关政府部门的工程指挥部。

工程项目管理的类型繁多，它们的任务因类型的不同而不同，其主要职能可以归纳为以下几个方面：

1. 计划职能

工程项目的各项工作均应以计划为依据，针对工程项目预期目标进行统筹安排，并且以计划的形式对工程项目全部生产过程、生产目标及相应生产活动进行安排，用一个动态的计划系统来对整个项目进行相应的协调控制。工程项目管理为工程项目的有序进行，以及可能达到的目标等提供了一系列决策依据。除此之外，它还编制了一系列与工程项目进展相关的计划，有效指导了整个项目的开展。

2. 协调与组织职能

工程项目的协调与组织是工程项目管理的重要职能之一，是实现工程项目目标必不可少的方法和手段，它的实现过程充分体现了管理的技术与艺术。在工程项目实施的过程中，协调功能主要是有效沟通和协调加强工程项目的不同阶段、不同部门之间的管理，以此实现目标一致和步调一致。组织职能就是建立一套以明确各部门分工、职责以及职权为基础的规章制度，以此充分调动员工对于工作的积极主动性和创造性，形成一个高效的组织保证体系。

3. 控制职能

控制职能主要包括合同管理、招投标管理、工程技术管理、施工质量管理和工程项目的成本管理这五个方面。其中合同管理中所形成的相关条款既是对开展的项目进行控制和约束的有效手段，也是保障合同双方合法权益的依据；工程技术管理由于不仅牵涉到委托设计、审查施工图等工程的准备阶段，而且还要对工程实施阶段的相关技术方案进行审定，因此它是工程项目能否全面实现各项预定目标的关键；施工质量管理则是工程项目管理的重中之重，其包括对材料供应商的资质审查、操作流程和工艺标准的质量检查、分部分项工程的质量等级评定等。此外，招投标管理和工程项目成本管理也是控制职能不可或缺的有机组成部分。

4. 监督职能

工程项目监督职能开展的主要依据是项目合同的相关条款、规章制度、操作规程、相关专业规范，以及各种质量标准、工作标准。在工程管理中，监理机构的作用需要得到充分的发挥。除此之外，还要加强工程项目中的日常生产管理，及时发现和解决问题，堵塞漏洞，确保工程项目平稳有序运行，并最终达到预期目标。

5. 风险管理

对于现代企业来说，风险管理就是通过对风险的识别、预测和衡量，选择有效的手段，以尽可能降低成本，有计划地处理风险，以获得企业安全生产的经济保障。随着工程项目的规模不断扩大，所要求的建筑施工技术也日趋复杂，业主和承包商所面临的风险也越来越多。因此，项目负责人需要在工程项目的投资效益得到保证的前提下，系统分析、评价项目风险，以提出风险防范对策，形成一套有效的项目风险管理程序。

6. 环境保护

一个良好的工程建设项目要在尽可能不对环境造成损坏的前提下，对旧环境进行改造，为人们的生活环境添加社会景观，造福人类。因此，在工程项目开展的过程中，需要综合考虑诸多因素，强化环保意识，切实有效地保护环境，防止破坏生态平衡、污染空气和水质、损害自然环境等现象的发生。

第二节 我国水利工程项目管理模式的选择

一、 我国工程项目管理模式

（一） 我国常用的工程项目管理模式

在我国加入 WTO 后，建筑业的竞争从国内市场的竞争转变为国际市场的竞争，为了能尽快融入国际市场，我国政府积极调整和修改了相关政策法规，采用了国际惯用的职业注册制度。在积极改革应对国际竞争，与国际接轨的同时，还将国外一些先进的应用广泛的工程项目管理模式引进了国内。目前，在我国普遍应用的有监理制、代建制等工程项目管理模式。

1. 工程建设监理模式

建设监理在国外通称为项目咨询，其站在投资业主的立场上，采用建设工程项目管理的方式对建设工程项目进行综合管理以实现投资者的目标。目前，我国广泛应用传统模式下、PM 模式下及 DB 模式下的工程监理。

工程建设监理模式源于国外的传统（设计—招标—建造）模式，工程建设监理模式是指由业主委托监理单位对工程项目进行管理，业主可以根据工程项目的具体情况来决定监理工程师的介入时间和介入范围。现阶段我国的工程建设监理主要是对施工阶段的监督管理。

2. 代建制模式

代建制是中国政府投资非经营性项目，委托机构进行管理的制度的特定称谓，在国际上并没有这种说法。我国的代建制管理模式最初是由个别地方政府进行试点试运行，后来得到了一定程度的经验，才逐步扩展到全国各地，经历了由点到面，由下到上的过程。

迄今为止，关于代建制还没有统一的定义。这里综合各方见解认为，所谓代建制，是针对政府投资的非经营性项目进行公开竞标，选择专业化的项目管理单位作为代建人，负责投资项目的建设和施工组织工作，待项目竣工验收后交付给使用单位的工程项目管理模式。

政府投资项目的代建制一般包括政府业主、代建单位和承包商三方主体。一般而言，三者之间的关系形式如下：

（1）业主分别与其他两方及设计单位签订相应的合同，业主对设计和施工直接负责，代建单位仅向业主提供管理服务，这种形式类似于国外的PM模式。

（2）业主先与代建单位签订代建合同，代建单位再分别与设计单位、施工单位签订合同。代建单位向业主提供包括管理服务、全部设计工作及部分施工任务在内的相关工作，这种形式类似于PMC模式。

（3）业主与代建单位之间的代建合同范围广泛，包含从项目设计到施工的全部内容。

（二）平行发包模式

随着项目管理改革的不断进行，我国水利工程项目管理逐渐形成了一种平行发包模式，它是在项目法人责任制、招标投标制和建设监理制框架下建立的一种项目管理模式，是现今水利工程项目管理的主导模式。

1. 平行发包模式的概念及其基本特点

平行发包模式是指业主将工程建设项目进行分解，按照内容分别发包给不同的单位，并与其签订经济合同，通过合同来约定合同双方的责权利，从而实现工程建设目标的一种项目管理模式。各个参与方相互之间的关系是平行的。

平行发包模式的基本特点是在政府有关部门的监督管理之下，业主合理地对工程建设任务进行分解，然后进行分类综合，确定每个合同的发包内容，从而选择适当的承包商。各承包商向业主提供服务，监理单位协助或者受到业主的委托，管理和监督工程建设项目标的进行。

与传统模式下的阶段法不同的是，平行发包模式借鉴传统模式的细致管理和CM模式的快速路径法，在未完成施工图设计的情况下即进行施工承包商的招标，采用有条件的"边设计、边施工"的方法进行工程建设。

2. 平行发包模式的优缺点

无论是在国内还是在国外，平行发包模式都是一种发展得十分成熟的项目管理模式，它的优点是业主通过招投标直接选定各承包人，使其对工程各方面把握更细致、更深入，设计变更的处理相对灵活；合同个数较多，合同之间存在相互制约关系；由于有隶属不同和专业不同的多家承包单位共同承担同一个建设项目，工作作业面增多，施工空间扩大，总体力量增大，勘察、设计、施工各个建设阶段及施工各阶段搭接顺畅，有利于缩短项目建设周期。一些大型的工程建设项目，即投资大、工期比较长、各部分质量标准和专业技术工艺要求不同，又有工期提前要求的项目，多采用此种模式。

平行发包模式的主要缺点是项目招标工作量增大，业主合同管理任务量大，合同个数和合同界面增多，增加了协调工作量和管理难度，项目实施过程中管理费用高，设计与施工、施工与采购之间相互脱离，需要频繁地进行行业主与各个承包商之间的协调工作，工程造价不能达到最优控制状态。招标代理和建设监理等社会化、专业化的项目管理中介服务机构的推行，有助于解决该模式中存在的问题。

二、 我国水利工程项目管理模式的选择

（一） 工程项目管理模式选择的影响因素

在选择工程项目管理模式时，必须考虑以下三个要素：工程的特点、业主的要求及建筑市场的总体情况。

1. 工程的特点

在选择工程项目管理模式之初最主要考虑的问题就是工程的特点，其包括工程项目规模、设计深度、工期要求、工程的其他特性等因素。

工程项目规模是选择工程项目管理模式要考虑的主要因素之一。对于规模较小的工程，如住宅建筑、单层工业厂房等通用性比较强的一般工民建工程，各种模式都可以采用，因为其不但工程结构比较简单，而且比较容易确定设计、施工工作量和工程投资。小规模工程常用施工总包模式、设计施工总包模式、项目总承包模式。对于工程规模较大的工程，项目管理模式的选择要在综合分析现有情况后做出。例如，如果具有总承包资质的施工单位很少，不一定能满足招标要求，为防止因投标者过少而导致招标失败，业主可选择分项发包模式；如果业主没有经验，而所从事的工程项目又需要承包商具有专业的技术

和经验或者是高新技术项目工程，可以采用设计施工总承包模式、项目总承包模式或者代理型CM模式。

设计深度也是选择工程项目管理模式要考虑的主要因素之一。如果工程的招标需要在初步设计刚完成后就开始，但是业主面临的情况是整个工程施工详图没有完成，甚至没有开始，并不具备施工总包的条件，此时适宜的项目管理模式是分项发包模式、详细设计施工总包模式、咨询代理设计施工总包模式、CM模式；如果设计图纸比较完备，能较为准确的估算工程量，可采用施工总包模式；某些工程在可行性研究完成后就进行招标，可采用传统的设计施工总承包模式。

工期要求也是选择工程项目管理模式要考虑的主要因素之一。大多数工程都对工期有着严格的要求，若工期较短，时间紧促，则可以选择分项发包模式、设计施工总承包模式、项目总承包模式和CM模式，但不能采用施工总承包模式。

此外，工程的复杂程度、业主的管理能力、资金结构以及产权关系等因素对项目管理模式的选择也有一定的影响，设计者必须将以上各种因素综合起来考虑，选择适合的工程项目管理模式，最大限度地、最便捷地达到目标。

2. 业主的要求

工程特点所含的因素中，包含业主的部分要求，因此这里所指的主要是业主的其他要求，包括自身的偏好、需要达到的投资控制、参与管理的程度、愿意承担的风险大小等。举个例子来说，如果业主具备一定的管理能力，想要亲自参与项目管理，控制投资，可以采用分项发包模式；如果业主既希望节约投资又不希望自己太累，就可以采用CM模式，降低自身的工作量。

如果业主时间精力有限，不愿过多地参与项目建设过程，可以优先考虑设计施工总承包模式和项目总承包模式，在这两种模式中，工程项目开展的全部工作交由总承包商承担，业主只负责宏观层面上的管理。但是在这两种模式中，业主要想有效控制项目的质量是有一定的难度的。因此，这就需要业主采取其他的管理模式来解决项目控制方面的难题。对一些常用的项目管理模式，按业主参与程度由大到小排序为：分项发包模式、施工总承包模式、CM模式、设计施工总承包模式、项目总承包模式。

如果业主希望控制工程投资，需要掌控设计阶段的相关决策工作，在此情况下适宜采用分项发包模式、CM模式或者施工总承包模式；若采用设计施工总承包模式和项目总承包模式，业主对设计的控制难度较大。但在施工总承包模式下，由于设计与施工相互脱节，易产生较多的设计变更，不利于项目的设计优化，容易导致较多的合同争议和变更索赔。

随着工程项目的规模越来越大，其涉及的技术越来越复杂，所承担的风险也越来越大，因此业主在选择工程管理模式时应将此作为一个重要的考虑因素。常见的项目管理模式按业主承担的管理风险由大到小排序为：分项发包模式、非代理型CM模式、代理型CM模式、施工总承包模式、设计施工总承包模式、项目总承包模式。

3. 建筑市场的总体情况

项目管理模式的选择也需要考虑建筑市场的总体情况，因为业主期望开展的相关工程项目在建筑市场上不一定能够找到具有相应承包能力的承包商。例如，像三峡大坝这么大的工程，不可能把所有施工工作全部承包给一个建设单位，因为放眼全国尚没有一家建设单位有能力完成此项目。常见项目管理模式按照对承包商的能力要求从高到低的排序为：项目总承包模式、设计施工总承包模式、代理型CM模式、施工总承包模式、非代理型CM模式、分项发包模式。

（二）水利工程项目管理模式选择的原则

1. 全局性原则

一般情况下，水利工程都具有规模大、战线长、工程点多、建设管理复杂的特点，这就对项目法人提出了较高的要求，其必须能集中精力做好总体的宏观调控。以南水北调工程为例，南水北调东线工程所要通过的河流之多，输水里程之长，设计的参建单位之多，建设管理所遇到的问题之复杂，一般的工程项目管理模式根本不能够适应，因此需要改变传统的项目管理模式，重点做好事关项目全局的决策工作。

2. 坚持"小业主、大咨询"的原则

当前我国经济的快速发展推动了各类工程项目建设尤其是水利工程建设的实施，考虑到水利项目建设规模和专业分工的特点，传统的自营建设模式已不能适应这样的情况。项目法人只有利用市场机制对资源的优化配置，采用竞争的方式选择优秀的建设单位负责相应的工作，唯有如此才能按期、高效和优质地完成项目目标。我国历经数十年的建设管理体制改革，在各个方面都已取得了一定的成绩，但是"自营制"模式仍然或多或少地制约着人们的思维，"小业主、大监理"的应用范围没有广泛展开就是一个明显的例证。因此，水利工程的工程项目管理需要摆脱旧模式的影响，按照市场经济的生产组织方式，在项目开展的全部过程中充分依靠社会咨询力量，贯彻"小业主、大咨询"的原则，以提高工程项目管理水平和投资效益，精简项目组织。

3. 工程项目创新原则

目前，在我国的工程建设项目中，绝大多数的业主都采用建设监理制。在水利工程建设的管理上，相关单位需要汲取国际上工程项目管理的先进经验和通行做法，突破传统思维的限制，有所创新，选择项目法人管理工作量小且管理效果好的模式，如CM模式。当

然，在条件允许的情况下，也可推行一些设计施工总承包模式和施工总承包模式的试点。

4. 合理分担项目风险的原则

在我国的工程项目管理中，项目的相关风险主要由单一主体承担。比如在当前大力推行的建设监理制中，项目法人或业主承担了项目的全部风险，管理单位基本上不承担任何风险，因此，虽然监理单位和监理工程师是项目管理的主体，但却缺少强烈的责任感。在水利工程项目管理模式选择中，应加强风险约束机制的建设，使项目管理主体承担一定的风险，促进项目法人的意图得到项目管理主体的切实贯彻，有效地监管工程的投资、质量和工期。

5. 因地制宜，符合我国的具体国情的原则

目前我国形成了以项目法人责任制、建设监理制和招标投标制为基本框架的建设管理体制。但是大多数的建筑单位依然没有摆脱业务能力单一的现状，能够从事设计、施工、咨询等综合业务的智力密集型企业数量很少，具有从事大型工程项目管理资质、总承包管理能力和设计施工总承包能力的独立建筑单位也几乎没有。因此，我国在选择水利工程项目管理模式时，需要结合建筑市场的实际情况，因地制宜，不能生搬硬套国外的模式，要建立一套适于我国国情的项目管理模式。

（三） 不同规模水利工程项目的模式选择

水电站及其他水利工程受工程所处的地形、地质和水文气象条件影响具有很大的差异，水电站在规模上的差异导致其他各方面的差异也很大。与中小型水利工程相比，大型水利工程的工程投资更大、影响更深远、风险更高，因此需要应用更为谨慎、严格、规范的工程管理模式。在大型、特大型水利工程开发建设中，应该基于现行主导模式，结合投资主体结构的变化和工程实际，对工程项目的建设管理模式开展大胆的创新和实践，真正创造出既能够与国际接轨，又能够适应我国水利项目建设情况的项目管理模式。我国的中、小水利项目投资正逐步地向以企业投资和民间投资为主转变，故中小水利项目管理模式的选择与民间投资水利项目管理模式的创新极为相似，大体上可以采用相同的项目管理模式，将在下文进行论述。

（四） 不同投资主体的水利工程的模式选择

我国水利工程的投资主体大致可分为两种：第一种是以国有投资为主体的水利开发企业，第二种是以民间投资参股或控股为特征的混合所有制水利开发企业。相对于传统的水电投资企业来说，新型水利开发企业以现代公司制为特征，具有比较规范和完善的公司治理结构。目前，大型国有企业的业务主要集中在大中型水利项目的开发上，而民间或者混合所有制企业的业务主要集中在中小型水利项目的开发上。由于具有不同的特点、行为方式和业务范围，这两类投资主体在项目管理模式的选择上有所差别。

第一类投资主体应在现有主导模式的基础上，逐步将投资和建设分离。在专业知识和管理能力达到相当水平的条件下，业主可以组建自己的专业化建设管理公司；当业主自身不能完成工程项目管理任务时，可采用招标或者其他方式选择能够承担该工程项目的管理公司。当下，在国际上出现了将设计和施工加以联合的趋势，因此在开展一些规模较大或者技术要求复杂、投资量巨大的工程项目时，可以将设计和施工单位组成联合体开展工程总承包，或者对其中的分部分项工程、专业工程开展工程总承包。

对于第二类民间投资参股或控股的投资主体而言，要想得到更好更快的发展，必须在改革开放的大背景下，加强国际交流，充分吸收国外项目管理模式的先进经验，并通过自主创新，建立一套适于在我国推广和应用的具有中国特色的水利项目管理模式。当这类投资主体具有充足的水利开发专业人才、管理人才，以及相应的技术储备时，可自行组建建设管理机构，充分利用社会现有资源，采用现行主导模式——平行发包模式进行工程项目的开发建设。当业主难以组建专业的工程建设管理机构，不能全面有效的对工程项目建设全过程进行控制管理时，可以采取"小业主、大咨询"方式，采用EPC、PM或CM模式完成项目的开发任务。

第三节 水利工程项目管理模式发展的建议

现今，无论从水利的开发规模还是年投产容量看，我国都排在世界第一位，成为水利建设大国。中华人民共和国成立以来，我国水利项目管理模式经历了曲折的发展过程，目前正不断地与国际市场接轨，多种国际通行的项目管理模式开始在我国发展和应用，使得我国的项目管理模式取得了巨大的进步，但其仍然发展得不够完善，存在或多或少的问题。针对我国工程项目管理的现状，经过对国际项目管理的研究及对比，本书对我国水利工程项目管理模式的发展提出几点建议：

一、 创建国际型工程公司和项目管理公司

目前国际和国内工程建设市场呈现出的新特点包括：工程规模的不断扩大带来了工程建设风险的提高；技术的复杂性使得对于施工技术创新更加迫切；国内市场日趋国际化，并且竞争的程度日趋激烈；多元化的投资主体等。这些特点为我国项目管理模式的发展及培育我国国际型工程公司和项目管理公司创造了良好的条件。

（一） 创建国际型工程公司和项目管理公司的必要性

目前，我国国际型工程公司和项目管理公司的创建有着充分的必要性，主要体现在：

1. 深化我国水利建设管理体制改革的客观需要

在我国水利建设管理体制改革不断取得成绩的大前提下，无论从主观上还是客观上讲，我国的设计、施工、咨询服务等企业都已具备向国际工程公司或项目管理公司转变的条件。在主观上，通过各项目的实践，各大企业也已认识到企业职能单一化的局限性，部分企业已开始转变观念，承担一些工程总承包或项目管理任务，并相应地调整组织机构。在客观上，业主充分认识到了项目管理的重要性，越来越多的业主，特别是以外资或民间投资作为主体的业主，都要求承包商采用符合国际惯例的通行模式进行工程项目管理。

2. 与国际接轨的必然要求

一些国际通行的工程项目管理模式如EPC，PMC等，都必须依赖有实力的国际型工程公司和项目管理公司来实现。国际工程师联合会于1999年推出了四种标准合同版本，包含了适用于不同模式的合同，其中就有适用于DB模式的设计施工合同条件，适用于EPC模式的合同条件等。我国企业要想与国际接轨，就必须采用国际通行的项目管理模式，顺应这一国际潮流，才有可能在国际工程承包市场上获得大的发展，才有可能实现"走出去"的发展战略。

3. 壮大我国水利工程承包企业综合实力的必然选择

现今我国水利行业的工程现状是：设计、施工和监理单位各自为战，只完成自己专业内的相关工作，设计与施工没有搭接，监理与咨询服务没有联系，不利于工程项目的投资控制和工期控制。

目前我国是世界水利建设的中心，因此有必要借助水利大发展的有利时机，学习和借鉴国际工程公司和项目管理公司成功的经验，通过兼并、联合、重组、改造等方式，加强企业之间资源的整合，促使一批大型的工程公司和项目管理公司成长壮大起来，他们自身具有设计、施工和采购的综合能力，能够为业主提供工程建设全过程技术咨询和管理服务。综上所述，我国有必要创建一批国际型工程公司和项目管理公司，使其成为能够增强我国现有国际竞争力的大型工程承包企业。

（二） 创建国际型工程公司和项目管理公司的发展模式

前面已经提到，我国的水利建设工程排在世界第一位，我国创建和发展具有一定市场竞争能力的国际型工程公司已经刻不容缓。对于一个企业来说，竞争能力是重中之重，因此，我国的水利工程承包企业有必要通过整合、重组来改善组织结构，培育和发展一批能够适应国际市场要求的国际型工程公司和项目管理公司。这些公司能够为业主提供从项目可行性分析到项目设计、采购、施工、管理及试运行等多阶段或全阶段的全方位服务。

目前，我国工程总承包的主体多种多样，包括设计单位、施工单位、设计与施工联合体及以监理、咨询单位为项目管理承包主体等多种模式。由于承包主体社会角色和经济属性的不同，决定了其在工程总承包和项目管理中所产生的作用和取得的效果也不尽相同，进而产生了几种可供创建国际型工程公司和项目管理公司选择的发展方式。其具体陈述如下。

1. 大型设计单位自我改造成为国际型工程公司

以设计单位作为工程总承包主体的工程公司模式，就是设计单位按照当前国际工程公司的通行做法，在单位内部建立健全适应工程总承包的组织机构，完成向具有工程总承包能力的国际型工程公司转变。大型设计单位拥有的监理或咨询公司一般也具备一定的项目管理能力。因此，大型设计单位的自我改造是设计单位实现向国际型工程公司转变的一种很好的方式，只需进行轻微的重组改造，便能为业主提供全面服务。

目前我国普遍存在的情况是国内许多设计单位业务能力单一，普遍缺乏施工和项目管理经验，以及处理实际工程项目问题的应变能力，尤其在大型项目的综合协调和全面把握方面，这将成为阻碍设计单位转型的制约因素。近几年，我国一些大型水电勘测设计单位都提出了向国际型工程公司转变的发展目标，但是现阶段大中型水电站勘测设计任务繁重，尚没有精力在向国际型工程公司的转变方面展开实质性工作，设计单位开展工程总承包业务时还普遍面临着管理知识缺乏、专业人才短缺和社会认可度偏低的问题，也急需提高其自身的项目管理水平。

2. 大型施工单位兼并组合发展成为工程公司

可以说，在改革开放的40多年里，我国水利事业得到了迅猛发展，许多水利施工单位也得到了锻炼和成长，积累了相当多的工程经验，其中的一些大型水利施工单位不仅成为我国国内水利施工的主体，同时也是开拓国际水利承包市场的主导力量，他们除了具有强大的施工能力和施工管理能力，也具备一定的项目管理能力。但相对国际水平而言，国内相关单位虽然施工能力很强，但是也不可避免地会存在一些缺点和不足，如勘察、设计和咨询能力不足，不能够为业主提供全方位高层次的咨询与管理服务；在对工程项目开展优化设计、控制工程投资和工期方面能力较弱等。针对这些问题，可以通过兼并一些勘察、设计和咨询能力较强的中小设计单位，弥补自身在此方面的缺陷。

3. 咨询、监理单位发展成项目管理公司

咨询、监理单位本身就是从事项目管理工作的，通过兼并组合或者对自身进行改造，形成实力较强的大型项目管理公司，为业主提供项目咨询和项目管理服务。我国水利咨询监理单位的组建方式多种多样，主要包括业主组建、设计单位组建、施工单位组建、民营

企业组建及科研院校组建。但是这些单位具有一些共同的特点：组建时间不长、人员综合素质较高、单位的资金实力较弱、服务范围较窄等。如果由这些单位承担工程总承包，则一定具有较高的现场管理水平，具备一定的综合管理和协调能力，但是普遍缺乏高水平的设计人员，加上自身不具备资金实力，所以很难有效地控制工程项目建设过程中的各种风险。因此，可以把监理、咨询单位中一些有实力的单位兼并重组为能够从事工程项目管理服务的大型项目管理公司，在大型水利项目建设中提供诸如PMC等形式的管理服务。

4. 大型设计与施工单位联合组建工程公司

所谓大型设计与施工单位联合组建工程公司，是指将大型设计与施工单位进行重组或改造，组建具有项目全阶段、全方位能力的工程公司，这种工程公司的水平最高，能够进行各种项目管理模式的组合。虽然通过这种方式组建工程公司的难度很大、成本很高，但这是利用现有资源创建我国具有竞争力的国际型工程公司的最佳捷径。因为设计与施工的组合属于强强联合，双方优势互补，不但设计单位在项目设计方面的专业和技术优势得到了充分发挥，而且将设计与施工进行紧密结合，便于综合控制工程质量、进度、投资，以及促进设计的优化和技术的革新，这样也有利于进一步提升企业的综合竞争力，使工程公司到国际工程承包市场上去承建更多、更大的工程总承包项目。这种创建工程公司的方式将是我国未来一个阶段发展的重点。

鉴于我国现阶段设计与施工相分离的实际情况，有学者认为，国际型工程公司的组建可以分为两个步骤：第一步，由设计单位和施工单位组成项目联合体共同投标并参与工程项目总承包管理。目前，在我国水利工程投标中，较为常见的是由不同施工单位组成的联合体共同参与投标，设计单位与施工单位之间联合投标的情况很少见，主要是由于我国水利建设中这种模式应用得较少，以及该领域中详细的招标条件不成熟。国家大力倡导在水利工程领域采用工程总承包的项目管理模式，支持部分业主采用工程总承包模式进行招标，鼓励投标人采取设计与施工联营的方式进行投标，逐步培养和发展工程总承包和项目管理服务意识。一般情况下，联营分为法人型联营、合伙型联营和协作型联营三种形式。目前我国国内水利企业之间采用较多的是合伙型联营和协作性联营。未来我国水利企业之间联合发展的初期应该是法人型联营，为其最终发展成设计与施工联合型工程公司打下基础。当工程总承包和项目管理服务的发展较为成熟，成为水利建设中的常见模式时，则可以实施将设计单位与施工单位重组或改造成为大型的项目管理公司，彻底改变设计与施工分割的局面。

5. 中小型企业发展成为专业承包公司

对于中小型的施工单位和设计单位，应扬长避短，突出自身的专长，发展成为专业承包公司。它们除了进行自主开发经营外，还可以在大型和复杂的工程项目中配合大型工程公司完成施工项目。

6. 发展具有核心竞争力的大型工程公司和项目管理公司

　　企业项目的管理水平直接体现了一个水利工程承包单位的核心竞争力，而企业的项目管理水平具体体现在管理体制、管理模式、经营方法、运营机制等方面，以及由此而带来的规模经济效益。

　　我国已成为世界水利建设的中心，然而我国的水利工程承包企业无论是营业额、企业规模，还是企业运作机制等，还比不上国际先进的排名前几位的工程公司，有着巨大的差距，这与我国世界水利建设的中心地位极不相符。因此，我国必须加大投入，培育并提高企业的核心竞争力，发展一批具有国际竞争力的大型工程公司和项目管理公司。

二、 我国水利工程项目管理模式的选择

（一） 推广EPC（工程总承包）模式

　　工程总承包模式早已被国际建筑界广泛采用，有大量的实践经验，在我国积极推行工程总承包模式将会产生一系列积极的影响：它有利于深化我国对工程建设项目组织实施方式的改革，提高我国工程建设管理水平；可以有效地对项目进行投资和质量控制，规范建筑市场秩序；有利于增强勘察、设计、施工、监理单位的综合实力，调整企业经营结构；可以加快与国际工程项目管理模式接轨的进程，适应社会主义市场经济发展和加入WTO后新形势的要求。

　　EPC模式在我国水利建设的实践中产生明显的效果，如白水江流域梯级电站项目，由九寨沟水电开发有限公司进行设计、采购、施工总承包，避免了业主新组建的项目管理班子不熟悉工程建设的问题，最终在项目建设的过程中确定了工程的总投资、工期及工程质量。水利工程中采用EPC模式也存在一些问题，如业主的主动性变弱，使得承包商承担了更多的风险，而且其风险承担能力较低等。对于水利工程来说，易受地质条件和物价变动影响、建设周期长、投资大等因素影响着EPC的具体实践，因此对于该模式应用条件的研究就显得很有必要。下面列举在推行EPC模式的过程中应注意的问题：

1. 清晰界定总承包的合同范围

　　水利工程总承包合同中的合同项目及费用大多是按照概算列项的，为了避免不必要的费用和工期损失，应在合同中明确水利工程初步设计概算中项目的具体范围。在水利工程项目建设过程中，总承包商有可能会遇到这样一种情况：业主会要求其完成一些在工程设计中没有包括的项目，而这些项目又没有明确地在合同中予以确定，最终导致总承包工程费用增加，损害总承包商的利益。如白水江流域黑河塘水电站建设，在工程概算中没有包

括库区公路的防护设施、闸坝及厂区的地方电源供电系统，在总承包合同中所列项目也没有明确，最终导致了总承包商的费用损失。

2. 确定合理的总承包合同价格

在水利工程EPC中总承包商的固定合同价格并不是按照初步设计概算的投资产生的，因为业主还会要求总承包商在合同的基础上"打折"，因此承包商面临的风险大大增加。

（1）概算编制规定的风险。按照行业的编制规定，编制的水利水电工程概算若干年调整一次。若总承包单位采用的是执行多年但又没有经过修订的编制预算，最后就会造成工程预算与实际情况不符。如黑河塘水电站工程概算按1997年的编规编制，但其中依照编规计算的工程监理费却低于市场价格，导致总承包商的利益受损。

（2）市场价格的风险。考虑到水利工程周期长，在工程建设期间总承包商需要充分考虑材料和设备价格的上涨因素，最大限度地避免因此造成的损失和增加的风险。比如黑河塘水电站工程实施期间，国家发改委公布的成品油价格比施工初期上涨了近40%，又比如双河水电站开工建设半年后，铜的价格比施工初期上涨了100%，这些都应在总承包商的考虑范围内。

（3）现场状况的不确定性和未知困难的风险。水利工程建设中，可能遇到较大的地质条件变化及很多未知的困难，根据概算编制规定，一般水利工程在基本预备费不足的情况下是可以调整概算的，但按照EPC合同的相关条件，EPC总承包商必须要自己承担这样的风险。因此，一旦发生工程项目概算调整，总承包模式下的固定价格将会给总承包商带来巨额的亏损并造成工期的延误。

这些风险的存在提高了总承包商承担的风险，因此总承包商在订立合同价格时应更加的谨慎，充分了解项目工程情况，综合分析其潜在的风险，并与业主进行沟通和协商，以便最终能够订立达到获利要求的合同价格。同时，承包商可以根据风险共担的原则，在与业主签订合同时，明确规定一旦发生上述的风险，双方应就最初的固定价格展开磋商，以降低自身的风险。

3. 施工分包合同方式

EPC的要旨是在项目实施过程中"边设计、边施工"，这样便于达到降低造价、缩短工期的目的。而水利工程在进行施工招标时，设计的进展并不能完全达到施工的要求，因此在实际施工中更容易发生变更，导致分包的施工承包商的索赔。因此，作者认为，采用成本加酬金的合同方式，比以单价合同结算方式的施工合同更能适应水利工程EPC总承包模式。但到目前为止，我国水利水电行业尚没有相应的施工合同条件适应此类EPC总承包模式。

（二） 实施PM（项目管理）模式

近几年来，国内项目管理的范围不断扩大，其水平也在不断提高。各行业，包含煤炭、化工、石油、轻工、电力、公路、铁路等，均有先进的项目管理模式出现。如中国石化工程建设公司承建的中海壳牌南海石化项目是目前为止我国最大的石化项目，采用PM模式承建；2003年5月8日中国寰球工程公司与越南化工总公司签订了海防磷酸二铵项目采用PMC模式，工程计划总投资1.5亿美元。反观我国水利行业，在实施项目管理、进行工程建设方面大为落后，我们更应该面对现实，正确定位，找出差距，学习国内其他工程行业的先进经验，奋起直追。

1. PM模式的优势

PM模式相对于我国传统的基建指挥部建设管理模式主要具备以下几点优势：

（1） 有助于提高建设期整个项目管理的水平，确保项目保质保量如期完成。长期以来，我国工程建设所采用的业主指挥部模式主要是因项目开展的需要而临时建立的，随着项目完工交付使用，指挥部也就随之解散。这种模式缺乏连续性，业主不能在实际的工程项目中积累相应的建设管理经验和提高工程项目的管理水平，达到专业化更是遥不可及。针对指挥部模式的种种弊端，工程建设领域引入了一系列国外先进的建设管理模式，而PM模式便是其中之一。

（2） 有利于帮助业主节约项目投资。业主在和PM签订合同之初，在合同中就明确规定了在节约工程项目投资的情况下可以给予相应比例的奖励，这就促使PM在确保项目质量、工期等的前提下，尽量为业主节约投资。PM一般从设计开始就全面介入项目管理，从基础设计开始，本着节约和优化的方针进行控制，降低项目采购、施工、运行等后续阶段的投资和费用，实现项目全寿命周期成本最低的目标。

（3） 有利于精简建设期业主管理机构。在大型工程项目中，组建指挥部需要的人数众多，建立的管理机构层次复杂，在工程项目完成后富余人员的安置也是一个棘手的问题。而在工程建设期间，PM单位会根据项目的特点组成相应的组织机构协助业主进行项目管理工作，这样的机构简洁高效，极大地减少了业主的负担。

2. 水利水电工程实施PM模式的必要性

（1） 在我国加入WTO以后，国内市场逐步向外开放，同时近几年不断发展的国内经济，使得中国这个巨大的市场引起了全球的关注，大量的外国资本涌入中国，市场竞争日趋激烈。许多世界知名的国际型工程公司和项目管理公司纷纷进入中国市场，在国内传统的工程企业面前，他们的优势十分明显：优秀的项目管理能力、超前的服务意识、丰富的管理经验和雄厚的经济实力。这使得在国内大型项目竞标中，国内企业难以望其项背。许多国内工程公司认识到了这个差距，并积极通过引进和实施PM项目管理模式，来提高自身的能力和水平。

（2）PM模式的实施也是引入先进的现代项目管理模式、达到国际化项目管理水平的重要途径之一。实现现代化工程项目管理具有5个基本要素：

① 不断在实践中引入国际化项目管理模式是实现现代化工程项目管理的前提，但是不能单纯地引进，要对其改进，寻求并发展符合我国国情的现代项目管理理论。

② 招集和培养各专业的高素质专业人才是实现现代化工程项目管理的关键。

③ 计算机技术的支持是实现现代化工程项目管理的必要条件，需要开发和完善计算机集成项目管理信息系统。

④ 组建专业的、高效的、合理的管理机构是实现现代化项目管理的保证。

⑤ 建立完善的项目管理体系是实现现代化工程项目管理最根本的基础。

而PM模式正好具备以上5个特性，PM也因此显示出了强大的生命力。可以通过实施PM的水利项目，为我国水利建设进行项目管理模式的探索。

（3）PM模式能够适应水利工程的项目特点。水利工程一般都具有以下特点：环境及地质条件复杂、体型庞大、投资多、工程周期长、变更多等，因此需要具有丰富经验和强大实力的项目管理公司对水利项目的建设过程进行PM模式的管理，服务于业主，切实有效实地施投资控制、质量控制和进度控制，实现业主的预期目标。这样可以使业主不必过于考虑建设细节上烦琐的管理工作，把自己的时间和精力放在关键事件的决策、建设资金的筹措等职责上。

第三章 我国水利工程项目招投标

第一节 招标程序

1.招标前提交招标报告备案。招标报告的具体内容包括：招标已具备的条件、招标方式、分标方案、招标计划安排、投标人资质（资格）条件、评标方法、评标委员会组建方案，以及开标、评标的工作具体安排等。

水利部是国务院水行政主管部门，对全国水利工程建设实行宏观管理。水利部所属流域机构（长江水利委员会、黄河水利委员会、淮河水利委员会、珠江水利委员会、海河水利委员会、松辽水利委员会和太湖流域管理局）是水利部的派出机构，对其所在的流域行使水行政主管部门的职责，负责本流域水利工程建设的行业管理；省（自治区、直辖市）水利（水电）厅（局）是本地区的水行政主管部门，负责本地区水利工程建设的行业管理。

2.编制招标文件。水利水电工程施工招标文件要严格按照《水利水电工程标准施工招标文件》（水建管〔2015〕007号）的要求编制。

3.发布招标信息、招标公告或投标邀请书。

采用公开招标方式的项目，招标人应当通过在国家发展计划委员会指定的媒介（指《中国日报》《中国经济导报》《中国建设报》和中国采购与招标网：http：//www.chinabid-ding.com.cn）之一发布招标公告，其中大型水利工程建设项目以及国家重点项目、中央项目、地方重点项目还应当同时在《中国水利报》发布招标公告。指定报纸在发布招标公告的同时，应将招标公告如实抄送指定网络。

4.其他要求。

（1）招标公告正式媒介发布至发售资格预审文件（或招标文件）的时间间隔一般不少于10日。

（2）招标人应当对招标公告的真实性负责，招标公告不得限制潜在投标人的数量。

（3）采用邀请招标方式的，招标人应当向3个以上有投标资格的法人或其他组织发出投标邀请书。

（4）投标人少于3个的，招标人应当依照《水利工程建设项目招标投标管理规定》重新招标。

5.组织资格预审。资格预审是指在投标前对潜在投标人进行资格审查。目的是有效地控制招标工程中的投标申请人数量，确保工程招标人选择到满意的投标申请人实施工程建设。

一般来说，资格审查方式可分为资格预审和资格后审。资格预审适用于公开招标或部分邀请招标的技术复杂的工程、交钥匙工程等。资格后审是指在开标后对投标人进行的资格审查。对于一些工期要求比较紧、工程技术和结构不复杂的工程项目，为了争取早日开工，可进行资格后审。

6.组织潜在投标人现场踏勘。水利水电施工招标文件的投标人须知前附表规定组织踏勘现场的，招标人按照招标公告(或投标邀请书)规定的时间和地点组织踏勘现场。

7.接受投标人对招标文件有关问题要求澄清的函件，对问题进行澄清，并书面通知所有潜在投标人。招标人对已发出的招标文件进行必要澄清或者修改的，应当在招标文件要求提交投标文件截止日期至少15日前，以书面形式通知所有投标人。该澄清或者修改的内容为招标文件的组成部分。不足15日的，招标人应当顺延提交投标文件的截止时间。

8.组织成立评标委员会，并在中标结果确定前保密。

9.在规定时间和地点，接受符合招标文件要求的投标文件。

在投标截止时间之前，投标人可以撤回已递交的投标文件或进行更正和补充，但应当符合招标文件的要求，投标人在递交投标文件的同时，应当递交投标保证金。

依法必须进行招标的项目，自招标文件开始发出之日起至投标人提交投标文件截止之日止，最短不应当少于20日。

10.组织开标、评标会议。

11.确定中标人。

12.向水行政主管部门提交招标投标情况的书面总结报告。

13.发中标通知书，并将中标结果通知所有投标人。

14.进行合同谈判，并与中标人订立书面合同。

中标人收到中标通知书后，招标人、中标人双方应具体协商谈判签订合同事宜，形成合同草案。合同草案一般需要先报招标投标管理机构审查。对合同草案的审查，主要是看其是否按中标的条件和价格拟订。经审查后，招标人与中标人应当自中标通知书发出之日起30天内，按照招标文件和中标人的投标文件正式签订书面合同。招标人与中标人签订合同后5个工作日内，应当退还投标保证金。

第二节 招标文件编制

一、 招标的主要特点

1.水利工程施工招标既有普遍性又有特殊性，是普遍性与特殊性的统一。

2.水利施工招标投标竞争激烈，容易出现围标、串标、挂靠等情况。

3.水利施工招标一般应采用主管部门颁发的招标示范文本和合同条款。

4.水利施工招标可设置标底，财政性投资项目一般不设置标底，但要设置最高限价。国家发改委鼓励实行无标底的评标方法。

5.水利工程施工招标评标方法多样，一般性（小型和技术较简单的）工程可以采用经评审的最低投标价法，大中型工程一般采用综合评估法和二阶段评标法。

6.施工招标评标现场比较难于判断投标人报价低于其成本价的情况，特别是大中型和技术复杂的水利工程，应在招标文件中采取公正的措施尽量避免最低价中标，以确保水利工程的质量和安全。

7.大中型水利工程一般分多个标段招标，但分标应有利于施工、有利于管理、有利于竞争，不造成过多的干扰，不影响工程的整体性、安全性和结构完整性。招标时，一个标段编制一个招标文件。分标主要考虑的因素有：

（1）工程特点。工程特点指工程规模、技术难易程度、工程施工场地的分布情况等。工程规模大、技术复杂、场地分布广的工程采用分标方式，有利于加快进度和促进适度竞争。

（2）对工程造价的影响。一般情况下，一个承包商来总包易于管理，便于人力、物力、设备的调配与调度，因而有利于降低工程造价。但大型、复杂的工程项目如果不进行分标，就会使有资格参加工程投标的承包商大大减少，从而导致报价上涨，得不到合理的报价。

（3）充分发挥专业承包商的特长。工程项目是由单位工程、单项工程或专业工程组成的，分标时应考虑各部分专业和技术方向的差别，尽量按专业领域和技术方向来划分，以便充分发挥各承包商的专业、技术特长。

（4）施工组织管理是否方便。在分标时应考虑施工组织管理两个方面的因素：施工进度的衔接和施工现场布置的干扰。分包时应充分考虑施工进度的衔接和施工现场布置的要求，对各承包商之间的施工场地进行细致周密的安排，避免各承包商之间相互干扰。为了保证施工进度平顺地衔接，关键项目一定要选择施工技术水平高、能力强、信誉好的承包商，以防止影响其他承包商的施工进度。

（5）资金筹措情况。分标应考虑到招标人对项目建设资金到位的时间安排。

（6）设计进度方面，主要根据设计合同对各部分项目设计进度的要求，按照设计进度的先后顺序来分标。

8.大型水利工程大多采用单价承包方式或永久工程单价承包、临时工程总价承包的方式，只有少数水文地质条件好、设计较完善（已经达到施工图设计阶段）的施工招标才采用总价承包方式。

9.施工招标一般在监理招标后进行，这样有利于施工合同条件的采用和实施，有利于设计、施工的协调，有利于实现工程质量、安全、投资、进度的统一。

10.施工招标涉及面广，合同关系较复杂，既与勘察设计单位有关，也与监理单位有关，还涉及移民征地、设备采购与安装等方面。

二、 施工招标文件编制的依据

1.国家有关招标投标的法律、行政法规、部门规章、地方性法规规章和主管部门合法的规范性文件等。

2.项目审批部门批准的初步设计报告、批准文件或核准的施工图设计及其附件设计文本、图纸。

3.国家和行业主管部门颁发的有关勘察设计规范、施工技术规范、行业规范、地方规范等。

4.《合同法》和有关经济法规、质量法规、劳动法规、移民征地法规、安全生产法规、保险法规和规范性文件。

5.国家和主管部门颁布的各种施工招标与合同条款示范文本。如：国家发改委、财政部、建设部、铁道部、交通运输部、信息产业部、水利部、民用航空总局、广播电影电视总局联合编制并于2008年5月1日开始实施的《标准施工招标资格预审文件》和《标准施工招标文件》；水利部、国家电力公司和国家工商行政管理局在2000年以水建管[2000]62号文颁布实施的《水利水电工程施工合同和招标文件示范文本》（GF-2000-0208）。

6.招标人对招标项目的质量、进度、投资造价等控制性要求。

7.招标人对工程创优、文明施工、安全、环保等方面的要求。

8.招标人对招标项目的特殊技术、施工工艺等的要求。

9.施工招标前项目法人已经与有关单位和部门签订的合同文件。

三、 施工招标文件的主要内容

1.投标邀请书或投标通知书。

2.投标须知。施工招标文件中，投标须知居于非常重要的地位，投标人必须对投标须知的每一条款都认真阅读。投标须知的主要内容包括：工程概况、招标范围和内容、资金来源、投标资格要求、联合体要求、投标费用和保密条款、招标文件的组成、招标文件的答疑要求、招标文件使用语言、投标文件的组成、是否允许替代方案及有何要求、投标报价要求、合同承包方式、投标文件有效期、投标保证金的形式要求、有效期和金额要求、现场考察要求、投标文件的包装、份数、签署要求，投标文件的递交、截止时间地点规定，投标文件的修改与撤回规定，开标的时间、地点规定，开标评标的程序、评标过程的澄清或答辩、重大偏差的规定与认定、投标文件算术错误的修正、评标方法、重新招标或中止招标的规定、定标原则和时间规定、中标通知书颁发和合同签订的要求、履约保证金的规定等。

3.合同条款。包括通用合同条款和专用合同条款。国家有关部门对许多建设项目都制定了规范的合同条款，供招标人使用，如前所述的《标准施工招标资格预审文件》《标准施工招标文件》和《水利水电工程施工合同和招标文件示范文本》。前两者在政府投资项目中施行，第三者的合同范本主要适用于大中型水利水电工程的招标投标，小型水利水电工程可参照使用。

根据水利部有关规定，大中型水利工程应该采用《水利水电工程施工合同和招标文件示范文本》中规定的合同条件。同时，水利部规定，除《水利水电土建工程施工合同条件》的"专用合同条款"中所列编号的条款外，"通用合同条款"中其他条款的内容不得更动。因此，在大中型水利工程编制招标文件中的合同条款时，通用合同条款不能修改，专用合同条款可结合招标项目的实际来修改和补充。

4.投标报价的要求及其计算方式。投标报价是评标委员会评标时的重要参考因素，也是投标人最关心的内容。因此，招标人或招标代理机构在招标文件中应事先写明报价的具体要求、工程量清单及说明、计算方法、报价货币种类等。水利工程基本上是报综合单价，即包括直接费、间接费、税金、利润、风险等。招标文件中还应注明合同类型（总价合同或是单价合同），投标价格是否固定不变（如果可变，则应注明如何调整），以及价格的调整方法、调整范围、调整依据、调整数量的认定等，否则很容易引起纠纷。

5.合同协议书和投标报价书格式。《水利水电土建工程施工合同条件》对合同组成文件及解释顺序作了如下规定：①协议书（包括补充协议）；②中标通知书；③投标报价书；④专用合同条款；⑤通用合同条款；⑥技术条款；⑦图纸；⑧已标价的工程量清单；⑨经双方确认进入合同的其他文件。

6.投标保函、履约保函格式。招标文件对投标保函和履约保函一般都规定了具体的格式，也规定了废标条件。除非招标文件有明文规定，否则投标人必须提交符合招标文件规定格式和内容的保函。如果不这样做，可能导致投标文件无效。

7.法定代表人证明书、授权委托书格式。这两个文件是投标文件中必须随附的法定文件，是招标文件必备的格式文件，投标人必须按照招标文件的规定格式和内容要求填写，否则可能导致投标文件无效。

8.招标项目数量、工程量清单及其说明。工程量清单包括报价说明、分项工程报价表和汇总表等，是水利工程招标投标报价的基础。根据国家和水利部有关规定，水利工程应该采用工程量清单报价，只有这样，所有投标人报价比较基础才能统一，否则报价无从比较，对报价的评价也有失公平、公正。工程量清单说明应该清楚规定项目的合同承包方式，报价总价或单价包含的内容、范围，算术错误的修正方法等。投标人不能对工程量清单进行修改、补充，因为如果各投标人都对工程量清单进行修改补充，那么，各投标人报价比较的基础就不同。因此，招标文件不允许投标人修改工程量清单，否则可能导致废标。

9.投标辅助资料。其主要包括如下内容：①主要材料预算价格表；②材料价格表；③单价汇总表；④机械台时费计算表；⑤混凝土、砂浆材料单价计算表；⑥建筑、安装工程单价分析表；⑦拟投入本合同工作的施工队伍简要情况表；⑧拟投入本合同工作的主要人员表；⑨拟投入本合同工作的主要施工设备表；⑩劳动力计划表；⑪主要材料和水、电需用量计划表。

10.资格审查或证明文件资料。其主要包括以下内容：①投标人资质文件复印件；②投标人营业执照复印件；③联合体协议书；④投标人基本情况表；⑤近期完成的类似工程情况表；⑥正在施工的新承接的工程情况表；⑦注册会计师事务所出具的财务状况表。

11.投标人经验、履约能力、资信情况等证明文件。施工投标是竞争性非常激烈的投标，特别是对于大型水利工程来说，投标人的经验、能力和资信是招标人非常看重的。但这些方面的内容也容易出现虚假材料，招标人或招标代理机构应采取措施防止投标人造假，以便于评标委员会审查判断其真伪性。

12.评标标准和方法。评标标准方法的选择是施工招标过程中非常重要的一个环节，应根据招标项目的规模、技术复杂程度、施工条件、市场竞争情况等因素来规定评标方法和标准。招标文件中必须非常明确地注明施工招标的评标标准和方法，发出招标文件后，除非有错误，否则不要随便更改评标标准和方法，因为招标文件是在资格审查完成后发出的，此时已经知道所有的投标人，如果随意修改评标标准和方法，很容易引起不必要的误解。

对于水利项目来说，评标的方法主要有三种：经评审的最低投标价法、综合评估法和二阶段评标法。

评标的标准，一般包括价格标准和非价格标准。价格标准比较容易确定，非价格标准应尽可能客观和量化。一般来说，对于服务和特许经营评标，非价格标准主要有：投标人资格、主要技术或服务人员资格资历、经验、信誉、可靠性保证、专业技术方案、管理能力、资金实力、类似经验、服务能力与保证等因素；对于工程施工评标，非价格标准主要有：工期、质量、安全、文明施工、技术人员和管理人员素质、资信、经验等因素；对于货物评标，非价格标准主要有：付款计划、交货期、运营成本、货物的有效性和配套性、零配件供应能力、服务承诺及反应、相关培训、质量保证、技术、安全性能、环境效益等因素。

13.技术条款。技术规格和要求是招标文件中最重要的内容之一，是指招标项目在技术、质量方面的标准，也就是通常说的招标技术条款。技术规格或技术要求的确定，往往是招标是否具有竞争性、是否达到预期目的的制约因素。因此，世界各国和有关国际组织都普遍要求，招标文件规定的技术规格、标准应采用所在国法定的或国际公认的标准。《中华人民共和国招标投标法》规定："国家对招标项目的技术、标准有规定的，招标人应当按照其规定在招标文件中提出相应要求"，也就是要求招标人、招标代理机构或设计单位在编制招标文件时对招标项目的技术要求应按照国家规范和标准编制，国家、行业主管部门或地方有规定的按行业或地方标准，国家、主管部门、地方没有规定的，可参照国际惯例或行业惯例，不能另搞一套。

对于大中型水利水电工程来说，应采用《水利水电工程施工合同和招标文件示范文本》的合同条件；对于一些特殊施工技术、施工工艺或在示范文本中没有论述的，则应由项目设计单位负责编写、补充和完善。

14.招标图纸。招标图纸一般由招标项目的设计单位提供，内容包含在招标设计中。如果招标文件要求的份数超出原设计合同的数量，则需要另行支付图纸费用。

15.其他招标资料。其他招标资料主要指：不构成招标文件的内容、仅对投标人编写投标文件具有参考作用的资料等。招标人对投标人根据参考资料而引起的错误不承担任何责任。

第三节 投标程序

一、 水利水电工程施工投标的一般程序

从投标人的角度看，水利水电工程施工投标的一般程序，主要有以下几个环节：

1. 参加资格预审。

2. 购买招标文件。

3. 组织投标班子。

4. 研究招标文件。

5. 参加踏勘现场和投标预备会。

6. 编制、递送投标文件。

7. 出席开标会议，填写投标文件澄清函。

8. 接受中标通知书，签订合同，提供履约担保。

二、 投标活动的主要内容

当招标人通过新闻媒介发出招标公告后，承包商应首先认真研究招标工程的性质、规模、技术难度，结合自身主观影响因素，如技术实力、经济实力、管理实力、信誉实力等，认真分析业主、潜在竞争对手、风险问题等客观影响因素，再决定是否参与投标。

投标人获取招标信息的渠道是否通畅，往往决定着该投标人是否在投标竞争中占得先机，这就需要投标人建立广泛的信息网络。投标人获取招标信息的主要途径有：①通过招标公告来发现投标目标；②通过政府部门或行业协会获取信息；③通过设计单位、咨询机构、监理单位等获取信息；④搞好公共关系，深入有关部门收集信息；⑤取得老客户的信任，从而承接后续工程或接受邀请，获取信息；⑥和业务相关单位经常联系，以获取信息或能够联合承包项目；⑦通过社会知名人士介绍获取信息等。

1. 参加资格预审。资格审查方式可分为资格预审和资格后审。招标人发布资格预审公告后，投标人需要按照《水利水电工程标准施工招标资格预审文件》中规定的资格预审申请文件格式认真准备申请文件，参加资格预审。

2. 购买招标文件和有关资料，缴纳投标保证金。投标人经资格审查合格后，便可向招标人申购招标文件和有关资料，同时要按照招标文件规定的时间缴纳投标保证金。

投标保证金是为防止投标人对其投标活动不负责任而设定的一种担保形式。一般来说，投标保证金可以采用现金，也可以采用支票、银行汇票，还可以是银行出具的银行保

函等。

3.组织投标班子。实践证明，建立一个强有力的、内行的投标班子是投标获得成功的根本保证。施工企业必须精心挑选精明能干、富有经验的人员组成投标工作机构。

投标班子一般应包括下列三类人员：

（1）经营管理类人员。这类人员一般是从事工程承包、经营管理的行家，熟悉工程投标活动的筹划和安排，具有很高的决策水平。

（2）专业技术类人员。这类人员是从事各类专业工程技术的人员，如建造师、造价工程师等。

（3）商务金融类人员。这类人员是从事金融、贸易、财税、保险、会计、采购、合同、索赔等工作的人员。

4.研究招标文件。购买招标文件后，应认真研究文件中所列出的工程条件、范围、项目、工程信、工期和质量要求、施工特点、合同主要条款等，弄清承包责任和报价范围，避免遗漏。发现含义模糊的，应做书面记录，以备向招标人提出询问。同时，列出材料和设备的清单，调查其供应来源、状况、价格和运输问题，以便在报价时综合考虑。

5.参加踏勘现场和投标预备会。投标人在去现场踏勘之前，应先仔细研究招标文件有关概念和各项要求，特别是招标文件中的工作范围、专用条款，以及设计图纸和说明等，然后有针对性地拟定出踏勘提纲，确定需要重点澄清和解答的问题，做到心中有数。投标人参加现场踏勘的费用，由投标人自己承担。招标人一般在招标文件发出后，就着手安排投标人进行现场踏勘的准备工作，并在现场踏勘中对投标人给予必要的协助。

投标人进行现场踏勘的内容，主要包括以下几个方面：

（1）工程的范围、性质及与其他工程之间的关系。

（2）投标人参与投标的工程与其他承包商或分包商之间的关系。

（3）现场地貌、地质、水文、气候、交通、电力、水源等情况，有无障碍物等。

（4）进出现场的方式、附近的食宿条件、料场开采条件、其他加工条件、设备维修条件等。

（5）现场附近治安情况。

投标预备会，又称答疑会、标前会议，一般在现场踏勘之后的1~2天内举行，也可能不举行。研究招标文件和勘查现场过程中发现的问题，应向招标人提出，并力求得到解答，且自己尚未注意到的问题，可能会被其他投标人提出；设计单位、招标人等也将会就工程要求和条件、设计意图等问题做出交底说明。因此，参加投标预备会对于进一步吃透招标文件、了解招标人意图、工程概况和竞争对手情况等均有重要作用，投标人不应忽视。

6.编制和递交投标文件。经过现场踏勘和投标预备会后，投标人可以着手编制投标文件。投标人编制和递交投标文件的具体步骤和要求如下：

（1）结合现场踏勘和投标预备会的结果，进一步分析招标文件。招标文件是编制投标文件的主要依据，因此必须结合已获取的有关信息认真细致地加以分析研究，特别是研究其中的投标人须知、专用条款、设计图纸、工程范围及工程量清单等，要弄清到底有没有特殊要求或有哪些特殊要求。

（2）校核招标文件中的工程量清单。投标人是否校核招标文件中的工程量清单或校核得是否准确，直接影响到投标报价和中标机会。因此，投标人应认真对待。投标人通过认真校核工程量，大体确定了工程总报价之后，估算出某些项目工程量可能会增加或减少的，就可以相应地提高或降低单价。如发现工程量有重大出入的，特别是漏项的，可以在投标截止规定时间前以书面形式提出澄清申请，要求招标人对招标文件予以澄清。

（3）根据工程类型编制施工规划或施工组织设计。在投标文件中施工规划或施工组织设计是一项重要内容，它是招标人对投标人能否按时、按质、按价完成工程项目的主要判断依据。由于水利工程招标一般分标，通常认为是单位工程施工组织设计。一般包括施工程序、方案，施工方法，施工进度计划，施工机械、材料、设备的选定，临时生产、生活设施的安排，劳动力计划，以及施工现场平面和空间的布置。施工规划或施工组织设计的主要编制依据是设计图纸，技术规范，工程量清单，招标文件要求的开工、竣工日期，以及对市场材料、机械设备、劳动力价格的调查。编制施工规划或施工组织设计要在保证工期和工程质量的前提下，尽可能使成本最低、利润最大。具体要求是：根据工程类型编制出最合理的施工程序，选择和确定技术上先进、经济上合理的施工方法，选择最有效的施工设备、施工设施和劳动组织，周密、均衡地安排人力、物力，正确编制施工进度计划，合理布置施工现场的平面和空间。

（4）根据工程价格构成进行工程估价，确定利润方针，计算和确定报价。投标报价是投标的一个核心环节，投标人要根据工程价格构成对工程进行合理估价，确定切实可行的利润方针，正确计算和确定投标报价。投标人不得以低于成本的报价竞标。

（5）形成、制作投标文件。投标文件应完全按照招标文件的各项要求编制。投标文件应当对招标文件提出的实质性要求和条件作出响应，一般不能带任何附加条件，否则将导致投标无效。投标文件一般应包括以下内容：①投标函及投标函附录；②法定代表人身份证明或附有法定代表人身份证明的授权委托书；③投标保证金；④已标价工程量清单与报价表；⑤施工组织设计；⑥项目管理机构；⑦资格审查资料；⑧投标人须知前附表规定的其他材料。

（6）递送投标文件。递送投标文件，也称递标，是指投标人在招标文件要求提交投标文件的截止时间前，将所有准备好的投标文件密封送达投标地点。招标人收到投标文件后，应当签收保存，不得开启。投标人在投标截止时间之前，可以对所递交的投标文件进行补充、修改或撤回，并书面通知招标人，但所递交的补充、修改或撤回通知必须按招标文件的规定编制、密封和标志。补充、修改的内容为投标文件的组成部分。

7.出席开标会议，填写投标文件澄清函。投标人在编制、递交了投标文件后，要积极出席开标会议。参加开标会议对投标人来说，既是权利也是义务。投标人参加开标会议，要注意其投标文件是否被正确启封、宣读，对于被错误地认定为无效的投标文件或唱标出现的错误，应当现场提出异议。

在评标期间，评标委员会要求澄清投标文件中不清楚的问题，投标人应积极予以说明、解释、澄清。澄清投标文件一般由评标委员会向投标人发出投标文件澄清通知，由投标人书面作出说明或澄清。在澄清过程中，投标人不得更改报价、工期等实质性内容，开标后和定标前提出的任何修改声明或附加优惠条件，一律不得作为评标的依据。但评标委员会按照评审办法，对确定为实质上响应招标文件要求的投标文件进行校核时发现的计算上或累计上的计算错误，应进行修改并取得投标人的认可。

8.接受中标通知书，签订合同，提供履约担保。投标人被确定为中标人后，应接受招标人发出的中标通知书。未中标的投标人有权要求招标人退还其投标保证金。自中标通知书发出之日起30日内，招标人和中标人应当按照招标文件和中标人的投标文件订立书面合同，中标人提交履约保函。招标人和中标人不得另行订立背离招标文件实质性内容的其他协议。当确定的中标人拒绝签订合同时，招标人可与确定的候补中标人签订合同，并按项目管理权限向水行政主管部门备案。

第四节 投标文件编制

一、 投标文件的编制要求

（一） 投标文件编制的一般要求

1.投标人编制投标文件时必须使用招标文件提供的投标文件表格格式，但表格可以按同样格式扩展。投标保证金、履约保证金，可以按招标文件有关条款的规定进行选择。投标人根据招标文件的要求和条件填写投标文件的空格时，凡要求填写的空格都必须填写，不得空着不填，否则即被视为放弃意见。实质性的项目或数字，如工期、质量等级、价格等未填写的，将被作为无效或作废的投标文件处理。

2.应当编制的投标文件"正本"仅一份，"副本"则按招标文件前附表所述的份数提供，同时要在标书封面标明"投标文件正本"和"投标文件副本"字样。投标文件正本和副本如有不一致之处，以正本为准。

3. 投标文件正本和副本均应使用不能擦去的墨水打印或书写，各种投标文件的填写都要字迹清晰、端正，补充设计图纸要整洁、美观。

4. 所有投标文件均由投标人的法定代表人签署、加盖印鉴，并加盖法人单位公章。

5. 填报投标文件应反复校核，保证分项和汇总计算均无错误。全套投标文件均应无涂改和行间插字，除非这些删改是根据招标人的要求进行的，或者是投标人造成的必须修改的错误。修改处应由投标文件签字人签字证明并加盖印鉴。

6. 如招标文件规定投标保证金为合同总价的某一百分比时，开投标保函不要太早，以防泄漏自己的报价。但有的投标者提前开出并故意加大保函金额，以麻痹竞争对手的情况也是存在的。

7. 投标人应将投标文件的技术标和商务标分别密封在内层包封后，再密封在一个外层包封中，并在内封上标明"技术标"和"商务标"。标书包封的封口处都必须加贴封条，封条贴缝应全部加盖密封章或法人章。内层和外层包封都应由投标人的法定代表人签署、加盖印鉴，并加盖法人单位公章。内层和外层包封都应写明投标人名称和地址、工程名称、招标编号，并注明开标时间以前不得开封。在内层和外层包封上还应写明投标人的名称与地址、邮政编码，以便投标出现逾期送达时能原封退回。如果内外层包封没有按上述规定密封并加写标志，投标文件将被拒绝，并退还给投标人。投标文件应按时递交至招标文件前附表所述的单位和地址。

8. 投标文件的打印应力求整洁、悦目，避免使评标专家产生反感。投标文件的装订也要力求精美，从侧面使评标专家产生对投标企业实力的认可。

（二）技术标编制的要求

技术标与施工组织设计虽然在内容上是一致的，但在编制要求上却有一定差别。施工组织设计的编制一般注重管理人员和操作人员对规定和要求的理解和掌握。而技术标则要求能让评标委员会的专家们在较短的时间内，发现标书的价值和独到之处，从而给予较高的评价。因此，技术标编制前应注意以下问题。

1. 针对性。在评标过程中，投标人往往把技术标做得很厚。而其中的内容都是对规范标准的成篇引用，或对其他项目标书的成篇抄袭，使标书毫无针对性。该有的内容没有，无须有的内容却充斥标书。这样的标书常常会引起评标专家的反感，导致技术标严重失分。

2. 全面性。如前面评标办法介绍的，对技术标的评分标准一般都分成许多项目，这些项目都分别被赋予一定的评分分值。这就意味着，这些项目不能发生缺项，一旦发生缺项，该项目就可能被评为零分，这样中标概率将会大大降低。

另外，对一般项目而言，评标的时间往往有限，评标专家没有时间对技术标进行深入的分析。因此，只要有关内容齐全，且无明显的低级错误或理论上的错误，技术标一般不会扣很多分。所以，对一般工程来说，技术标内容的全面比内容的深入细致更重要。

3.先进性。技术标要想得到高分，一般来说是不容易的。没有技术亮点，没有特别吸引招标人的技术方案，是不大可能得高分的。因此，标书编制时，投标人应仔细分析招标人的热衷点，在这些点上采用先进的技术、设备、材料或工艺，使标书对招标人和评标专家产生更强的吸引力。

4.可行性。技术标的内容最终都是要付诸实现的，因此，技术标应有较强的可行性。为了凸显技术标的先进性，盲目提出不切实际的施工方案、设备计划，会给今后的具体实施带来困难，甚至导致建设单位或监理工程师提出违约指控。

5.经济性。投标人参加投标，承揽业务的最终目的是获取最大的经济利益，而施工方案的经济性，直接关系到投标人的效益，因此必须十分慎重。另外，施工方案也是投标报价的一个重要影响因素，经济合理的施工方案，能降低投标报价，使报价更具竞争力。

（三）投标文件的递交

投标人应在招标文件前附表规定的日期内将投标文件递交给招标人。当招标人按招标文件中投标须知规定，延长递交投标文件的截止日期时，投标人要仔细记住新的截止时间，避免因标书的逾期送达而导致废标。

投标人可以在递交投标文件以后，在规定的投标截止时间之前，采用书面形式向招标人递交补充、修改或撤回其投标文件的通知。在投标截止日期以后，不能更改投标文件。投标人的补充、修改或撤回通知，应按招标文件中投标须知的规定编制、密封、签章、标识和递交，并在包封上标明"补充""修改"或"撤回"字样。补充、修改的内容为投标文件的组成部分。根据投标须知的规定，在投标截止时间与招标文件中规定的投标有效期终止日之间的这段时间内，投标人不能再撤回投标文件，否则其投标保证金将不予退还。

投标人递交投标文件不宜太早，一般在招标文件规定的截止日期前一两天内密封送交指定地点比较好。

二、 投标估价及其依据

投标报价前，投标人首先应根据有关法规、取费标准、市场价格、施工方案等，并考虑到上级企业管理费、风险费用、预计利润和税金等所确定的承揽该项工程的企业水平的价格，进行投标估价。投标估价是承包商生产力水平的真实体现，是确定最终报价的基础。

投标估价的主要依据如下：

1.招标文件，包括招标答疑文件。

2.工程量清单计价规范、预算定额、费用定额，以及地方的有关工程造价文件，有条件的企业应尽量采用企业施工定额。

3.劳动力、材料价格信息，包括由地方造价管理部门发布的造价信息资料。

4.地质报告、施工图，包括施工图指明的标准图。

5.施工规范、标准。

6.施工方案和施工进度计划。

7.现场踏勘和环境调查所获得的信息。

8.当采用工程量清单招标时，工程量清单的准确性与完整性。

三、 投标报价的程序

承包工程有总价合同、单价合同、成本加酬金合同等合同形式，不同合同形式的计算报价是有差别的。报价计算主要步骤如下：

（一） 研究招标文件

招标文件是投标的主要依据，承包商在计算标价之前和整个投标报价期间，均应组织参加编制商务标的人员认真细致地阅读招标文件，仔细分析研究，弄清招标文件的要求和报价内容。主要应弄清报价范围、取费标准、采用定额、工料机定价方法、技术要求、特殊材料和设备、有效报价区间等。同时，在招标文件研究过程中要注意互相矛盾和表述不清等问题。对这些问题，应及时通过招标预备会或采用书面提问形式，请招标人给予解答。

在投标实践中，报价发生较大偏差甚至造成废标的原因，常见的有两个：其一是造价估算误差太大，其二是没弄清招标文件中有关报价的规定。因此，标书编制以前，全体与投标报价有关的人员都必须反复认真研读招标文件。

（二） 现场调查

现场条件是投标人投标报价的重要依据。现场调查不全面、不细致，很容易造成与现场条件有关的工作内容遗漏或者工程量计算错误。由这种错误所导致的损失，一般是无法在合同中得到补偿的。现场调查主要包括如下方面：

1.自然地理条件。包括施工现场的地理位置、地形、地貌、用地范围、气象和水文情况、地质情况、地震及其设防烈度、洪水、台风及其他自然灾害情况等。

2.市场情况。包括建筑材料和设备、施工机械设备、燃料、动力和生活用品的供应状况、价格水平与变动趋势，劳务市场状况，银行利率和外汇汇率等情况。

不同的建设地点，由于地理环境和交通条件的差异，价格变化会很大。因此，要准确估算工程造价就必须对这些情况进行详细调查。

3.施工条件。包括临时设施、生活用地的位置和大小，供排水、供电、进场道路、通信设施现状，引接供排水线路、电源、通信线路及道路的条件和距离，附近现有建（构）筑物、地下和空中管线情况，环境对施工的限制等。

这些条件，有的直接关系到临时设施费的支出，有的或与施工工期有关，或与施工方案有关，或涉及技术措施费，从而直接或间接影响工程造价。

4.其他条件。包括交通运输条件、工地现场附近的治安情况等。

交通条件直接关系到材料和设备的到场价格，对工程造价影响十分显著。治安状况则关系到材料的非生产性损耗，因而也会影响工程成本。

（三）编制施工组织设计

施工组织设计包括进度计划和施工方案等内容，是技术标的主要组成部分。

施工组织设计的水平反映了承包商的技术实力，是决定承包商能否中标的主要因素。而且施工进度安排合理与否，施工方案选择是否恰当，都与工程成本、报价有密切关系。一个好的施工组织设计可大大降低标价。因此，在估算工程造价之前，工程技术人员应认真编制好施工组织设计，为准确估算工程造价提供依据。

（四）计算或复核工程量

要确定工程造价，首先要根据施工图和施工组织设计计算工程量，并列出工程量表。而当采用工程量清单招标时，需要对工程量清单中的数量进行复核。

工程量的大小是影响投标报价的最直接因素。为确保准确复核工程量，在计算中应注意以下几个方面。

（1）正确进行项目划分，做到与当地定额或单位估价表相一致。

（2）按一定顺序进行，避免漏算或重算。

（3）以施工图为依据。

（4）结合已定的施工方案或施工方法。

（5）认真复核与检查。

（五） 确定人工、材料、机械使用单价

人工、材料、机械的单价应通过市场调查或参考当地造价管理部门发布的造价信息确定。而人工、材料、机械的用量尽量根据企业定额确定，无企业定额时，可依据国家或地方颁布的预算定额确定。

（六） 计算工程直接费

根据分项工程中人工、材料、机械等生产要素的需用量和单价，计算分项工程的直接成本的单价和合价，而后计算出其他直接费、现场经费，最后计算出整个工程的直接工程费。

（七） 计算间接费

根据当地的费用定额或企业的实际情况，以直接工程费为基础，计算出工程间接费。

（八） 估算其他费用

其他费用包括企业管理费、预计利润、税金及风险费用。

（九） 计算工程总估价

综合工程直接费、间接费、上级企业管理费、风险费用、预计利润和税金形成工程总估价。

（十） 审核工程估价

1. 单位工程造价。将投标报价折合成单位工程造价，如房屋工程按平方米造价，铁路、公路按公里造价，铁路桥梁、隧道按每延米造价，公路桥梁按桥面单位面积（桥面面积）造价，水电站按单位装机容量造价等，并将该项目的单位工程造价与类似工程的单位工程造价进行比较，以判定造价的高低。

2. 全员劳动生产率。所谓全员劳动生产率是指全体人员每工日的生产价值。一定时期内，企业一定的生产力水平决定了全员相对稳定的劳动生产率水平，因而企业在承揽同类工程或机械化水平相近的项目时应具有相近的全员劳动生产率水平。因此，可以此为尺度，将投标工程造价与类似工程造价进行比较，从而判断造价的正确性。

3. 单位工程消耗指标。各类建筑工程每平方米建筑面积所需的劳动力和各种材料的数量均有一个合理的指标。因而将投标项目的单位工程用工、用料水平与经验指标相比，也能判断其造价是否处于合理的水平。

4. 分项工程造价比例。一个单位工程是由很多分项工程构成的，它们在工程造价中都有一个合理的大体比例，承包商可通过投标项目的各分项工程的造价比例与同类工程的统

计数据相比较，从而判断造价估算的准确性。

5.各类费用的比例。任何一个工程的费用都是由人工费、材料费、施工机械费、设备费、间接费等各类费用组成的，它们之间都应有一个合理的比例。将投标工程造价中的各类费用比例与同类工程的统计数据进行比较，也能判断造价估算的正确性和合理性。

6.预测成本比较。若承包商曾对企业在同一地区的同类工程报价进行统计，则还可以采用线性规划、概率统计等预测方法进行计算，计算出投标项目造价的预测值。将造价估算值与预测值进行比较，也是衡量造价估算正确性和合理性的一种有效方法。

7.扩大系数估算法。根据企业以往的施工实际成本统计资料，采用扩大系数估算投标工程的造价，是在掌握工程实施经验和资料的基础上的一种估价方法。其结果比较接近实际，尤其是在采用其他宏观指标对工程报价难以校准的情况下，此方法更具优势。扩大系数估算法，属宏观审核工程报价的一种手段。不能以此代替详细的报价资料，报价时仍应按招标文件的要求详细计算。

8.企业内部定额估价法。根据企业的施工经验，确定企业在不同类型的工程项目的施工中，人工、材料、机械等的消耗水平，形成企业内部定额，并以此为基础计算工程造价。此方法不但是核查报价准确性的重要手段，还是企业内部承包管理、提高经营管理水平的重要方法。

（十一） 确定报价策略和投标技巧

根据投标目标、项目特点、竞争形势等，在采用前述的报价决策的基础上，具体确定报价策略和投标技巧。

（十二） 最终确定投标报价

根据已确定的报价策略和投标技巧对造价估算进行调整，最终确定投标报价。

第五节 开标程序

一、 开标活动

（一） 开标时间、地点、参会人员

招标单位应在前附表规定的开标时间和地点举行开标会议，投标单位的法人代表或授权代表应签名报到，以证明出席开标会议。投标人的法定代表人或其委托代理人未参加开标会的，招标人可将其投标文件按无效标处理。

时间：投标人须知前附表规定的投标截止时间。

地点：投标人须知前附表规定的地点，如水利公共资源交易市场开标大厅。

参会人员：招标人、投标人、招标代理机构、建设行政主管部门及监督机构等。

（二）投标保证金的形式

开标会议在招标管理机构监督下，由招标单位组织主持，对投标文件进行开封检查，确定投标文件内容是否完整和按顺序编制、是否提供了投标保证金、文件签署是否正确。按规定提交合格撤回通知的投标文件不予开封。

投标保证金的形式包括现金、银行汇票、银行本票、支票、投标保函。根据《工程建设项目施工招标投标办法》第三十七条规定：投标保证金一般不得超过投标总价的百分之二，但最高不得超过八十万元。

（三）特殊情况

1.投标文件有下列情形之一的，招标人不予受理：

（1.）逾期送达的或者未送达指定地点的。

（2）未按招标文件要求密封的。

（3）未经法定代表人签署、未盖投标单位公章或未盖法定代表人印鉴的。

（4）未按规定格式填写，内容不全或字迹模糊、辨认不清的。

（5）投标单位未参加开标会议。

2.投标文件有下列情形之一的，由评标委员会初审后按废标处理：

（1）无单位盖章并无法定代表人或法定代表人授权的代理人签字或盖章。

（2）未按规定的格式填写，内容不全或关键字迹模糊、无法辨认的。

（3）投标人递交两份或多份内容不同的投标文件，或在一份投标文件中对同一招标项目报有两个或多个报价，且未声明哪一个有效。按招标文件规定提交备选投标方案的除外。

（4）投标人名称或组织结构与资格预审时不一致的。

（5）未按招标文件要求提交投标保证金的。

（6）联合体投标未附联合体各方共同投标协议的。

二、开标程序

主持人按下列程序进行开标。

1.宣布开标纪律。

2.公布在投标截止时间前递交投标文件的投标人名称，并确认投标人法定代表人或其委托代理人是否在场。

3.宣布主持人、开标人、唱标人、记录人、监标人等有关人员姓名。

4.除投标人须知前附表另有约定外，由投标人推荐的代表检查投标文件的密封情况。

5.宣布投标文件开启顺序：按递交投标文件的先后顺序的逆序。

6.设有标底的，公布标底。

7.按照宣布的开标顺序当众开标，公布投标人名称、标段名称、投标保证金的递交情况、投标报价、质量目标、工期及其他招标文件规定开标时公布的内容，并进行文字记录。

8.主持人、开标人、唱标人、记录人、监标人、投标人的法定代表人或其委托代理人等有关人员在开标记录上签字确认。

9.开标结束。

第六节 评标与定标

招标评标的方法和标准有很多种，根据招标项目的具体情况可采用的方法主要包括：最低投标价法、综合评估法、二阶段评标法、合理最低投标价法、综合评议法（包括寿命期费用评标价法），以及法律、行政法规允许的其他评标方法。水利项目招标评标常采用的方法主要有：最低投标价法、二阶段评标法和综合评估法三种。

一、最低投标价法

最低投标价法一般适用于具有通用技术、性能标准或者招标人对其技术、性能标准没特殊要求的招标项目。根据发改委56号令的规定，招标人编制施工招标文件时，应不加修改地引用《标准施工招标文件》规定的方法。评标办法前附表由招标人根据招标项目具体特点和实际需要编制，用于进一步明确未尽事宜，但务必与招标文件中其他章节相衔接，并不得与《标准施工招标文件》的内容相抵触，否则抵触内容无效。

（一）评标方法

1.评审比较的原则。最低投标价法是以投标报价为基数，考量其他因素形成评审价格，对投标文件进行评价的一种评标方法。

评标委员会对满足招标文件实质要求的投标文件，根据详细评审标准规定的量化因素及量化标准进行价格折算，按照经评审的投标价由低到高的顺序推荐中标候选人，或根据招标人授权直接确定中标人，但投标报价低于其成本的除外。经评审的投标价相等时，投标报价低的优先，投标报价也相等的，由招标人自行确定。

2.最低投标价法的基本步骤。首先按照初步评审标准对投标文件进行初步评审，然后依据详细评审标准对通过初步审查的投标文件进行价格折算，确定其评审价格，再按照由低到高的顺序推荐1~3名中标候选人或根据招标人的授权直接确定中标人。

（二） 评审标准

1.初步评审标准

根据《标准施工招标文件》的规定，投标初步评审标准为形式评审、资格评审、响应性评审、施工组织设计和项目管理机构评审四个方面。

（1）形式评审标准。形式评审一般包括：投标人的名称、投标函的签字盖章、投标文件的格式、联合体投标人、投标报价的唯一性、其他评审因素等。审查、评审标准应当具体明了，具有可操作性。比如申请人名称应当与营业执照、资质证书以及安全生产许可证等一致；申请函签字盖章应当由法定代表人或其委托代理人签字或加盖单位公章等。对应于前附表中规定的评审因素和评审标准是列举性的，并没有包括所有评审因素和标准，招标人应根据项目具体特点和实际需要，进一步删减、补充和细化。

（2）资格评审标准。资格评审一般包括营业执照、安全生产许可证、资质等级、财务状况、类似项目业绩、信誉、项目经理、其他要求、联合体投标人等。该部分内容分为以下两种情况：

①未进行资格预审的。评审标准须与投标人须知前附表中对投标人资质、财务、业绩、信誉、项目经理的要求，以及其他要求一致，招标人要特别注意在投标人须知中补充和细化的要求，应体现出来。

②已进行资格预审的。评审标准须与资格预审文件资格审查办法详细审查标准保持一致。在递交资格预审申请文件后、投标截止时间前发生可能影响其资格条件或履约能力的新情况，应按照招标文件中投标人须知的规定提交更新或补充资料。

（3）响应性评审标准。响应性评审一般包括投标内容、工期、工程质量、投标有效期、投标保证金、权利义务、已标价工程量清单、技术标准和要求等。

招标人可以依据招标项目的特点补充一些响应性评审因素和标准，如投标人有分包计划的，其分包工作类别及工作量须符合招标文件要求。应在响应性评审标准中规定，招标人允许偏离的最大范围和最高项数，作为判定投标是否有效的依据。

（4）施工组织设计和项目管理机构评审标准。施工组织设计和项目管理机构评审一般包括施工方案与技术措施、质量管理体系与措施、安全管理体系与措施、环境保护管理体系与措施、工程进度计划与措施、资源配备计划、技术负责人、其他主要成员、施工设备、试验和检测仪器设备等。

针对不同项目特点，招标人可以对施工组织设计和项目管理机构的评审因素及其标准进行补充、修改和细化，如施工组织设计中可以增加对施工总平面图、施工总承包的管理协调能力等评审指标，项目管理机构中可以增加对项目经理的管理能力，如创优能力、创建文明工地能力及其他一些评审指标等。

2. 详细评审标准

详细评审一般包括单价遗漏、付款条件等。

详细评审标准对量化因素和量化标准是列举性的，并没有包括所有量化因素和标准，招标人应根据项目具体特点和实际需要，进一步删减、补充或细化。例如，增加算数性错误修正量化因素，即根据招标文件的规定对投标报价进行算数性错误修正。还可以增加投标报价的合理性量化因素，即根据招标文件的规定对投标报价的合理性进行评审。除此之外，

还可以增加合理化建议量化因素，即技术建议可能带来的实际经济效益，按预定的比例折算后，在投标价内减去该值。

（三） 评标程序

1. 初步评审

（1）对于未进行资格预审的，评标委员会可以要求投标人提交规定的有关证明以便核验。评标委员会依据上述标准对投标文件进行初步评审，只要有一项不符合评审标准的，就应否决其投标。

对于已进行资格预审的，评标委员会依据评审标准对投标文件进行初步评审。有一项不符合评审标准的，应否决其投标。当投标人资格预审申请文件的内容发生重大变化时，评标委员会依据评审标准对其更新资料进行评审。

（2）投标报价有算术错误的，评标委员会按以下原则对投标报价进行修正，修正的价格经投标人书面确认具有约束力。投标人不接受修正价格的，应当否决该投标人的投标。

① 投标文件中的大写金额与小写金额不一致的，以大写金额为准。

② 总价金额与依据单价计算出的结果不一致的，以单价金额为准修正总价，但单价金额小数点有明显错误的除外。

2. 详细评审

（1） 评标委员会依据本评标办法中详细评审标准规定的量化因素和标准进行价格折算，计算出评标价，并编制价格比较一览表。

（2） 评标委员会发现投标人的报价明显低于其他投标报价，或者在设有标底时明显低于标底，使得其投标报价可能低于其成本的，应当要求该投标人作出书面说明并提供相

应的证明材料。投标人不能合理说明或者不能提供相应证明材料的，由评标委员会认定该投标人以低于成本报价竞争，否决其投标。

3. 投标文件的澄清和修正

（1）在评标过程中，评标委员会可以书面形式要求投标人对所提交的投标文件中不明确的内容进行书面澄清或说明，或者对细微偏差进行修正。评标委员会不接受投标人主动提出的澄清、说明或修正。

（2）澄清、说明和修正不得改变投标文件的实质性内容（算术性错误修正的除外）。投标人的书面澄清、说明和修正属于投标文件的组成部分。

（3）评标委员会对投标人提交的澄清、说明或修正有疑问的，可以要求投标人进一步澄清、说明或修正，直至满足评标委员会的要求。

4. 评标结果

（1）除授权评标委员会直接确定中标人外，还可以按照经评审的价格由低到高的顺序推荐中标候选人，但最低价不能低于成本价。

（2）评标委员会完成评标后，应当向招标人提交书面评标报告。

评标报告应当如实记载以下内容：基本情况和数据表、评标委员会成员名单、开标记录、符合要求的投标一览表、否决投标的情况说明、评标标准、评标方法或者评标因素一览表、经评审的价格一览表、经评审的投标人排序、推荐的中标候选人名单或根据招标人授权确定的中标人名单、签订合同前要处理的事宜，以及需要澄清、说明、修正的事项纪要。

二、二阶段评标法

二阶段评标法，适用于两阶段招标的项目，一般先要求投标人投"技术标"，进行技术方案评标。评标后淘汰其中不合格者，技术标评标通过者，才允许投商务标。二阶段评标法有时也可以采取在投标时承包人将技术标与商务标分两袋密封包装，评标时先评技术标，技术标通过者，则打开其商务标进行综合评定；技术标未通过者，商务标原封不动地退还给投标人。虽然评标分为两个阶段进行，但二者又是不可分割的整体。如何在技术水平与价格之间权衡，通过评标选择出满意的承包人，主要体现在依据工程项目特点合理地划分各评价要素的权重。一般情况下，对于设计、监理等类招标，其评标标准主要侧重于能力和技术内容，报价只是次要因素，因此技术评审的权重占比例大，一般在70%～90%，财务评审的权重占比例小，一般在10%～30%。为了保证对技术部分的评审能够客观、公正、全面，评标委员会一般采用打分法评标，用量化考察每个投标人的各项素质，以累计得分评价其综合能力。对于报价只是次要因素且无标底折项目的招标，财务部分的评审一般不打分，只考察是否合理。当认为财务部分基本合格后，以其报价金额参予计分。通常的作法是以技术部分评审合格标书中的最低报价为基数，将各合格投标的实际报价与其相对值换算成报价折算分，即：报价折算分=合格投标文件的最低报价/各家自身报价×100% **三、综合评估法**

（一）综合评估法的定义

所谓综合评估法，就是在评标过程中，根据招标文件中的规定，将投标单位的（经济）报价因素、技术因素、商务因素等方面进行全面综合考察，推荐最大限度地满足招标文件中规定的各项评价标准的投标人为中标候选人的一种评标方法。

衡量投标文件是否最大限度地满足招标文件中规定的各项评价标准，可以采取折算为货币的方法、打分的方法或者其他方法。常采用打分的方法进行量化，需量化的因素及其权重应当在招标文件中明确规定。

水利项目招标评标，特别是大型项目，无论是勘察设计、建设监理，还是土建施工、重要设备材料采购、科技项目、项目法人、代建单位、设计施工总承包等招标，大多采用综合评估法。可以说，综合评估法是大型和复杂工程与服务招标普遍采用的一种评标方法，在水利项目招标评标中占有重要地位。但如何科学、公正、公平地设置各种评标因素和评审标准，也是值得研究的重要课题。综合评估法一般采用百分制评分，将列入评标项目的技术、报价、商务等因素的每一项赋予一定的评分标准值，然后将各评委的评分根据评标办法的规定进行汇总统计，以综合评分得分高低的先后顺序推荐第一、第二、第三中标候选人。

（二）应用综合评估法需注意的问题

1. 综合评估法主要适用于大中型水利工程、技术复杂的其他项目招标，或者项目需要综合考虑投标人的技术经济、资源资金、商务资信等因素的服务招标等。对于技术要求较低或具有通用技术标准的项目，不宜采用综合评估法。

2. 综合评估法使用的关键是如何合理确定各评标因素的权重。应用综合评估法时，应注意结合项目实际和市场竞争程度，在咨询专家和参考类似项目的基础上确定各评标因素的权重。一般来说，技术工艺复杂、技术质量要求高的项目应在技术因素方面设置较大的权重，相应降低报价因素的权重；对于服务招标，如项目管理、科技、勘察、设计、监理、咨询等招标更应该注重技术方案、实力、资信和经验的因素。

3. 对于技术要求和质量要求较高的项目，除考虑评标因素权重方面外，还可以对某些技术指标因素设置合格标准或最低要求，规定投标人的该项技术指标因素达不到要求时，可以就此判定其技术不合格并判定其整个投标不合格，但这类规定一定要在招标文件上明

确指明，对所有投标人一视同仁。

4. 综合评估法均应设置最高限价，对于公益性水利工程和采用财政性资金的项目招标，以国家批准的概算或国家有关限额规定为基础确定最高限价。是否规定最低限价则根据项目实际和市场竞争等因素来确定。

5. 采用综合评估法评标，在进行评标专家的抽取或确定时，应保证有技术方面和造价经济方面的专家参加评标，不能仅抽取技术专家或造价经济专家，必须根据项目涉及的专业技术和报价比重等因素确定技术专家与造价经济专家的比例和具体数量。无论如何，采用综合评估法时不能没有造价经济方面的专家参加评标。

6. 采用综合评估法时，招标文件中应明确规定，评标委员会评标时应首先根据招标文件和评标办法的有关规定对各投标人的标书进行有效性评审，凡无效的标书就不应该再进行技术经济评审了。

7. 采用综合评估法时，必须明确定标条件和排名规定，一般应规定综合评估分数最高的为第一名，依次类推；并且评标报告也必须推荐或确定第一、第二、第三名候选人。对于使用国有资金的项目，建议直接授权评标委员会确定中标人。

第四章 我国水利工程建设项目合同管理

第一节 项目合同管理概述

项目合同管理是指在建设工程项目实施过程中，以建设项目为对象，以实现项目合同目标为目的，对项目合同进行高效率的计划、组织、指导、控制的系统管理方法。

通过建设工程项目招标和投标，项目法人（也称发包人或业主）选择了项目承包人。发包人与承包人签订协议书后，在合同规定的时间内，监理人发布开工通知，承包人可进入现场做施工准备工作。此后建设工程项目合同开始进入合同管理阶段。工程项目的合同管理是建设工程实施阶段的重要工作，因为它涉及能否在实现项目成本、质量和工期整体最优的目标下完成项目建设，取得最大的经济效益和社会效益。

发包人为了达到合同目的，通过监理人具体实施合同管理工作。在发包人的监督之下授权范围内，监理人以项目合同为准则，协调合同双方的权利、义务、风险和责任，以及对承包人的工作和生产进行监督和管理。在监理人的监督之下，承包人则按照项目合同的各项规定，对合同规定范围内的工程设计（如合同中有此项任务的话）、施工、竣工、修补缺陷和所有现场作业、施工方法、安全承担全部责任。

2000年国家工商总局、水利部、国家电力公司发布的《水利水电土建工程施工合同条件》（GF—2000—0208）是目前大中型水利水电工程建设项目采用的施工合同条件范本。本章将根据该合同条件，探讨水利工程建设项目的合同管理。

一、我国工程项目合同管理的发展

我国建设工程项目合同管理是在1983年云南鲁布革水电站的发电引水系统利用世界银行贷款进行国际招标投标和项目实施的过程中开始的，至今已有30多年的历史。在这段时间里，由于我国在基本建设领域全面推行项目法人责任制、建设监理制、招标投标制和合同管理制，逐步实现了项目合同管理工作的规范化、制度化，进一步适应了国际竞争和挑战，获得了较大的经济效益和社会效益。

二、 我国当前工程项目合同管理存在的问题

当前，项目合同管理虽然取得很大的进步，但是，仍存在以下问题：

1.发包人、监理人或承包人往往不能按项目合同规定处理合同问题，仍然按计划经济体制下自营制的惯例和依靠上级行政命令解决合同问题。在市场经济的条件下，合同是一种契约，是合同法人之间，为实现某种目的，确定相互间的权利义务关系的协议。项目合同一经签订，即对合同双方产生法律约束力，合同当事人的权利将受到法律保护，任何一方不履行合同规定的义务或履行不当，都将要承担法律责任。所以，在市场经济和计划经济两种体制下的建设项目管理，一个最大不同点就是其是否实行项目合同管理。因此，合同双方都要以合同准则约束自己的行为，解决项目合同的问题，否则将造成合同管理失控，影响项目的总体经济效益。

2.我国的建设工程项目招标是由招标人或招标代理机构进行的，招标人员一般不参与项目合同管理。而监理人只参与项目合同管理，一般不参与建设工程项目的招标。因此，我国把建设工程项目实施阶段的项目合同管理人为地分割为招标投标和合同管理，即编制招标文件和合同文件与合同管理脱节。所以，合同执行初期，管理合同的人员不熟悉合同文件，使发包人和监理人处于极为被动的局面。另外，由于招标人员不参与合同管理，无法知晓自己编写的招标文件和合同文件在执行过程中存在的问题，也就无法提高编写招标的文件和合同文件的水平。而且低水平的招标文件和合同文件又会对项目合同管理中解决支付、变更、索赔、风险、违约和争端等问题带来困难。这些都对发包人的总体利益是极为不利的，也会损害承包人的正当权益。

3.有些发包人对监理人授权不够。有些发包人只授予监理人检验质量的权力，这不是合同管理。由于监理人没有经济制约手段，是不能对项目质量进行有效控制的。

三、 合同文件与合同管理的依据

（一） 合同文件的构成

合同文件一般由以下内容构成：

1.招标规定。

2.合同条件（通用条件和专用条件）。

3.技术规范。

4.图纸。

5.合同协议书、投标函及其附件。

6. 投标文件和有报价的工程量清单。

7. 招标文件的修改和补遗。

8. 其他，包括招标、投标、评标，以及合同执行过程中的往来信函、会议纪要、备忘录和书面答复、补充协议、监理人的各种指令与变更等。

（二）合同文件解释的优先次序

构成合同的所有文件是互相说明和补充的，前后合同条款的含义应一致，由于各种原因合同款之间出现含糊、歧义或矛盾时，通用条款中规定由监理人做出解释。为减少合同双方所承担的风险，在专用条款中规定了合同解释的优先顺序。按照惯例，解释顺序如下：

1. 合同协议书（包括补充协议）。

2. 中标通知书。

3. 投标报价书。

4. 专用合同条款。

5. 通用合同条款。

6. 技术条款。

7. 图纸。

8. 已标价的工程量清单。

9. 构成合同一部分的其他文件（包括承包人的投标文件）。

（三）合同管理的依据

1. 国家和主管部门颁发的有关合同、劳动保护、环境保护、生产安全和经济等的法律、法规和规定。

2. 国家和主管部门颁发的技术标准、设计标准、质量标准和施工操作规程等。

3. 上级有关部门批准的建设文件和设计文件。

4. 依法签订的合同文件。

5. 发包人向监理人授权的文件。

6. 经监理人审定颁发的设计文件、施工图纸及有关的工程资料，监理人发出的书面通知及经发包人批准的重大设计变更文件等。

7. 发包人、监理人和承包人之间的信函、通知或会议纪要，以及发包人和监理人的各种指令。

第二节 监理人在合同管理中的作用和任务

工程承包合同是发包人和承包人之间为了实现特定的工程目的，而确立、变更和终止双方权利和义务关系的协议。合同依法成立后，即具有法律约束力。因此，双方当事人必须积极全面地履行合同，并在合同执行过程中用合同的准则约束自己的行为。监理人虽然不是合同一方，但发包人为实现合同中确立的目的，选择监理单位，协调双方关系，以及对承包人的工作和生产进行监督和管理。所以，我国的建设监理属于国际上业主方项目管理的范畴。

按照《水利工程建设监理规定》和《水利水电土建工程施工合同条件》编制的施工合同条件，以及工程实践经验，监理人在合同管理中所起的作用和所完成的任务如下。

一、 监理人的作用

发包人和承包人签订工程承包合同是基于同一事实，即发包人期望从高效率的承包人那里得到按合同规定的时间和成本圆满完成的合格工程。同样，承包人期望通过合同的履行得到合理的收益，公平均等地运用合同，按合同规定完成工程任务，并如期取得他有权获得的付款。基于上述目地，发包人和承包人都一致期望紧密配合和协作，通过有条不紊、安全、有效的工作方式，将工程延期的风险和对合同的误解降低到最小程度，共同"生产"出一个令人满意的"最终产品"。因此，合同双方需要有协调能力、有权威、公正的监理人机构。综上，监理人在合同执行过程中的作用是：在发包人的授权范围内，以合同为准则，合理地平衡合同双方的权利和义务，公平地分配合同双方的责任和风险。由此可以看出，监理人在协调发包人和承包人的关系上发挥着重要作用，具体有以下几点。

1. 可以降低承包人投标报价的总体水平

有经验的承包人会认为发包人直接管理合同将给自己带来较大风险。他不能确信发包人会公平合理地考虑承包人的利益。尤其是变更、索赔、违反合同规定或违约，以及发生争议时承包人不能确信会得到合理补偿。为此，一个有经验的承包人在投标前必须评估这些可能的风险，并准备一定数额的风险基金摊入投标报价之中，从而提高总体投标报价的水平。如果有充分授权的监理人或争端裁决委员会，能公平合理地处理责任和风险，承包人将会在投标报价中降低备用的风险基金，从而降低合同报价。

2. 有利于解决争端，化解矛盾

在执行合同过程中，如果合同双方直接谈判解决敏感的工期、费用及有关争端，没有缓冲空间和回旋余地，就容易僵持，将矛盾激化。在这种情况下，监理人起到中间人的作用，有利于协调和解决矛盾，使合同得以顺利执行。

3.有利于减轻发包人的管理负担

如果发包人直接对承包人的工作和生产施工进行监督和管理，就必须在施工现场组建庞大的管理机构和配置各种有经验的专业管理人员，这会大大增加发包人的管理成本。同时，发包人要做很具体的合同管理工作，必然会分散精力，影响发包人的主要任务，即筹集资金、创造良好的施工环境和经营管理。因此，监理人的出现则大大缓解了这种局面。

4.有效使用标准的合同条款

我国各部委编制的各种合同标准范本，都是针对有监理人进行施工监督而编写的。所以只能在发包人任命监理人，并给予充分授权的条件下才能使用。其明显的优点是能合理平衡合同双方的要求和利益，尤其能公平地分配合同双方的风险和责任。这就在很大程度上避免履约不佳、成本增加，以及由于双方缺乏信任而引起的争端。

二、 监理人的任务

我国在《水利工程建设监理规定》（水利部令第28号）中对监理单位在工程质量、进度、投资及安全管理方面做出了具体的规定。规定第十四条："监理单位应当按照监理合同，组织设计单位等进行现场设计交底，核查并签发施工图。未经总监理工程师签字的施工图不得用于施工。监理单位不得修改工程设计文件。"

第十五条："监理单位应当按照监理规范的要求，采取旁站、巡视、跟踪检测和平行检测等方式实施监理，发现问题应当及时纠正、报告。监理单位不得与项目法人或者被监理单位串通，弄虚作假、降低工程或者设备质量。监理人员不得将质量检测或者检验不合格的建设工程、建筑材料、建筑构配件和设备按照合格签字。未经监理工程师签字，建筑材料、建筑构配件和设备不得在工程上使用或者安装，不得进行下一道工序的施工。"

第十六条："监理单位应当协助项目法人编制控制性总进度计划，审查被监理单位编制的施工组织设计和进度计划，并督促被监理单位实施。"

第十七条："监理单位应当协助项目法人编制付款计划，审查被监理单位提交的资金流计划，按照合同约定核定工程量，签发付款凭证。未经总监理工程师签字，项目法人不得支付工程款。"

第十八条："监理单位应当审查被监理单位提出的安全技术措施、专项施工方案和环境保护措施是否符合工程建设强制性标准和环境保护要求，并监督实施。监理单位在实施监理过程中，发现存在安全事故隐患的，应当要求被监理单位整改；情况严重的，应当要求被监理单位暂时停止施工，并及时报告项目法人。被监理单位拒不整改或者不停止施工的，监理单位应当及时向有关水行政主管部门或者流域管理机构报告。"

在合同管理中，监理人应按照工程承包合同，行使自己的职责。水利部、国家电力公司、国家工商行政管理局联合编制的《水利水电土建工程施工合同条件》，对监理人的职责和任务做出了规定。

1. 为承包人提供条件。按合同规定为承包人提供进场条件和施工条件；为承包人提供水文和地质等原始资料、提供测量三角网点资料、提供施工图纸，以及有关规范和标准。

2. 向承包人发布各种指示。对于承包人的所有指令，均由监理人签发，主要包括：签发工程开工、停工、复工指令；签发工程变更指令、工程移交证书和保修责任终止证书。

3. 工程质量管理。检查承包人质量保证体系和质量保证措施的建立与落实；按合同规定的标准检查和检验工程材料、工程设备和工艺；对承包人实施合同内容的全部工作质量和工程质量进行全过程监督检查；主持或参与合同项目验收。

4. 工程进度管理。对承包人提交的施工组织设计和施工措施计划进行审批并监督落实；对承包人的工期延误进行处理等。

5. 计量与支付。对已完成工作的计量和校核，审核月进度付款；向发包人提交竣工和最终付款证书等。

6. 处理工程变更与索赔。

7. 协助发包人进行安全和文明施工管理。

第三节 施工准备阶段的合同管理

一、 提供施工条件

（一） 为承包人提供进场条件

对合同规定的（即招标文件写明的，并作为投标人投标报价的条件）由发包人通过监理人提供给承包人的进场条件，以及有关的施工准备工作，包括道路、供电、供水、通信、必要的房屋和设施、施工征地及现场场地规划等进行落实。

（二） 提供施工技术文件

1. 按合同规定的日期向承包人提供施工图纸，同时根据工程实际的变化情况提供设计变更通知和图纸。在向承包人提供图纸前，监理人应进行如下审查：

（1） 以招标阶段的招标图纸和技术质量标准为准，核定合同实施阶段的施工图纸和技术质量标准是否有变化，如有就可能是变更。

（2） 勘察设计单位所提交的施工详图，经监理人核定，承包人现有的或即将进场的施工设备和其他手段是否能实现该图纸的要求。

（3）核定施工图纸是否有错误。如剖面图是否有错误，各详图总尺寸与分尺寸是否准确一致等。

无论施工图纸是否经过监理人审查或批准，都不解除设计人员的直接责任。

2.按合同要求向承包人指定所有材料和工艺方面的技术标准和施工规范，并负责解释。

3.向承包人提供必要的、准确的地质勘探、水文和气象等参考资料，以及测量基准点、基准线和水准点及其有关资料。

二、 检查承包人施工准备情况

（一） 核查承包人人员、施工设备、材料和工程设备等

1.核查派驻现场主要管理人员的施工资历和经验、任职和管理能力等是否同投标文件一致。如有差异，可依有关证件和资料重新评定是否能令人满意地完成工作任务。不能胜任者，可要求承包人更换。

（2）核查施工设备种类、数量、规格、状况，以及设备能力等是否同投标文件一致。如有差异，可依据资料重新评定是否能顺利完成工程任务，否则可要求承包人更换或增加数量。

（3）核查进场的物资种类、数量、规格和质量，以及储存条件，是否符合合同规定的标准，不符合合同规定的材料和工程设备不得在工程建设中使用。

（二） 检查承包人的技术准备情况

1.对承包人提交的工程施工组织设计、施工措施计划和承包人负责的施工图纸进行审批。

2.对承包人施工前的测量资料、试验指标等进行审核，包括原始地形测量、混凝土配合比、土石填筑的碾压遍数、填筑料的含水量等。

第四节 施工期的合同管理

施工期是合同管理的关键环节，也是合同管理的核心。本节主要从工程进度、质量、结算和支付、变更，以及违约和索赔等方面进行叙述。

一、 工程进度管理

在合同执行过程中的工程进度控制是项目合同管理的重要内容之一，在工程实施过程中。工程进度的计划编制和实施全部由承包人负责，监理人代表发包人，并在其授权范围内，依据合同规定对工程进度进行控制和管理。监理人在工程进度控制方面的主要工作是：审核承包人呈报的施工进度计划和修正的施工进度计划；合同实施过程中对工程开工、停工、复工和误期进行具体管理控制；全面监督实际施工进度；协助发包人和监督承包人执行合同规定的主要业务程序，并纳入合同管理的程序之中。

（一） 工程控制性工期和总工期的制定

大中型水利工程的控制性工期和总工期，是在项目前期阶段反复论证的合理工期。该工期和相应的工程资金使用计划，都是经过发包人审定和上级主管部门批准的，无特殊情况不能随意改变。因此，发包人将该工期列入招标文件中，作为投标人遵从的投标条件；在合同实施过程中，监理人代表发包人进行合同监督和管理，将此工期作为控制承包人各阶段的工程进度的依据；其也是承包人必须遵守和必须实现的进度目标。

（二） 承包人施工进度计划的制订和审批

在承包人的投标文件中包含一份符合招标条件规定的初步施工进度计划和施工方法的说明，并附有投标人主要施工设备清单、建筑材料使用和开采加工计划、劳务使用计划、合同期内资金使用计划等，但是，初步施工进度计划往往不能满足施工期的需要。在选定中标人并签订合同后，承包人应在合同规定的时间内，按监理人规定的格式和要求，递交一份准确的施工进度计划，以取得监理人的审核和同意。监理人依据以下3个方面对施工进度计划进行审核：

1. 承包人的投标文件中呈报的初步施工进度计划和施工方法说明。

2. 招标文件所规定的工程控制性工期和总工期。

3. 发包人和主管部门批准的各年、季或月的工程进度计划和投资计划。

施工进度计划的编制和实施均由承包人负责，施工进度计划正式实施前，必须先经监理人审核和同意，但这并不解除合同规定承包人的任何义务和责任。

（三） 工程进度控制

在合同实施过程中，监理人应随时随地对工程进度进行控制。控制的依据是由符合总工期要求的承包人月计划分解成的周计划或日计划。控制的手段是监理工作人员现场监督以及对施工报表和施工日志的核查等。一旦发现进度拖后，查清原因，及时通告承包人，并要求其采取补救措施。

工程进度日常控制的具体工作程序如下。

1. 工程开工

（1）开工准备。监理人应按照合同文件规定的时间（一般为14天），向承包人发出开工通知，按开工通知中明确的开工日期（一般为开工通知发出日期的第7天）为准，按天数（包括节假日）计算合同总工期。承包人接到开工通知后按合同要求，进入工程地点，并按发包人指定的场地和范围进行施工准备工作。

（2）主体工程开工。承包人在施工准备工作完成后、进行主体工程施工前，监理人需组织有关人员进行检查和核实。当具备主体工程开工条件时，监理人发布主体工程开工通知。核查施工准备工作的主要内容有：

① 检查附属设施、质量安全措施、施工设备和机具、劳动组织和施工人员技能等是否满足施工要求。

② 检查建筑材料的品种、性能、合格证明、储存数量、现场复查成果和报告等是否满足设计和技术标准的要求。

③ 检查试验人员和设备能否满足施工质量测试、控制和鉴定的需要。

④ 检查工程测量人员和测量设备能否满足施工需要，复核工程定位放线的控制网点是否达到工程精度要求。

2. 停工、复工和误期

（1）不属于发包人或监理人的责任，且承包人可以预见的原因引起的停工。如：

① 合同文件有规定。

② 由于承包人的违约或违反合同规定引起的停工。

③ 由于现场天气条件导致的必要停工。

④ 为工程安全或其任何部分的安全而必要的停工（不包括由发包人承担的任何风险所引起的暂时停工）。

由于上述原因，监理人有权下达停工指令，承包人应按监理人认为必要的时间和方式停止整个工程或任何部分工程的施工。停工期间承包人应对工程进行必要的维护和安全保障。待停工原因由承包人妥善处理后，经监理人下达复工指示，承包人方可复工。停工所造成的工期延长，承包人应采取补救措施。造成的额外费用，均由承包人自行承担。

（2）属于发包人的责任，且由有经验的承包人无法预见并进行合理防范的风险原因引起的停工。如：

① 异常恶劣的气候条件。

② 除现场天气条件以外的不利的自然障碍或外部条件。

③ 由于发包人或监理人造成的任何延误、干扰或阻碍，例如，发包人提供的施工条件未能达到合同规定的标准、施工场地延误提供、延误发出工程设计文件和图纸、工程设计错误、苛刻的检查和工程监测、延误支付费用、监理人不恰当或延误的指示等。

④ 工程设计和工程合同的变更，引起增加额外的工作或附加工作，其工作量大（变化比例在招标文件的《合同专用条款》中明确，一般设定为使合同价增加15%）或工作性质改变。

⑤ 除承包人不履行合同或违约外，其他可能发生的特殊情况，以及发包人为规避风险引起的工程损害和延误。

由于上述原因，无论监理人发布停工指示与否，均应给予承包人适当延长工期或适当费用补偿。在上述事件发生后，监理人和承包人都应做好详细记录，作为工期或费用补偿的直接依据。承包人在此类事件发生后的一定时间内（一般情况为28天），通知监理人，并将一份副本呈交发包人；在此事件结束后的合理时间内（一般情况为28天），向监理人提交最终详情报告，提出详细的补偿要求。监理人收到上述报告后，应尽快开展调查，并通过协商，以公正和实事求是的态度做出处理决定。

（3）复工和误期。当发生停工和误期事件时，如果监理人没有下达停工指令，承包人有责任使损失减少到最小，并应尽快采取措施，及早复工生产；如果监理人下达了停工指令，承包人已对工程进行必要的维护和安全保障，自停工之日起在一定的时间内（一般情况为56天），监理人仍未发布复工通知，承包人有权向监理人递交通知要求复工。监理人收到此通知以后在一定的时间内（一般情况为28天），应发出复工通知。如果由于某种原因仍未发出复工通知时，则承包人可认为被停工的这部分工程已被发包人取消，或者当此项停工影响整个合同工程时，承包人可采取降低施工速度的措施，或暂时停工，将此项停工视为发包人违约，并且承包人有终止被发包人雇佣的权利，由此给承包人造成的经济损失，承包人有进一步向发包人索赔的权利。

3. 承包人修订的施工进度计划的审核

由于大中型水利工程是复杂的技术和经济活动，受自然条件影响较多，因此修订施工进度计划是难以避免的，也是正常的。一般有以下3种情况：

（1）经监理人审核并同意的施工进度计划，已不符合实际工程进展情况，需要修订。其原因既不是由发包人的责任引起的，也不是由承包人的责任引起的，而是实际情况需要。一般情况下，每隔3个月修订一次。但这种修订必须在合同文件规定的控制性工期和总工期控制之下。如果要改变此类工期，承包人要申述理由，监理人要与发包人和承包人适当协商，并经发包人批准后，监理人按发包人批准的原则修订工程进度计划并予以实施。

（2）由于发包人的责任，并同意给予承包人适当的工期延长。承包人提交新的施工进度计划，经监理人审核同意后实施，并按新的进度计划考核工程实际进度。

（3）在合同实施过程中，无论何时，监理人认为承包人未能达到令人满意的施工进度，已落后于经审核同意的施工进度计划时，承包人应根据监理人的要求提出一份修订的施工进度计划，并表明为保证工程按期完工，而对原进度计划进行修改，并说明在完工期限内，拟采取的赶工措施，以保证如期完成工程任务。这种情况下，承包人无权因工程进度赶工，而要求得到任何额外付款。还应说明的是，如果承包人不能保持足够的施工速度，严重偏离工程进度计划，给工程按时完工带来很大风险，而承包人又无视监理人事先的书面指示或警告，在规定的时间内（一般情况为28天）未提交修订的施工进度计划和采取补救措施，加快工程进展时，将视为承包人违约。发包人可视其情况，有可能终止对承包人的雇佣。一旦终止则开始核定各种费用，并准备条件接受新的承包人进驻工地现场，继续完成未完的工程项目。

（四）工程进度管理应注意的问题

1. 工程总工期的问题

一般情况下工程总工期应该是在工程初步设计的施工组织设计基础上，通过工程施工规划论证制定的。这样确定的总工期是经济合理的。但如果招标工作中出现招标人随意缩短总工期，在合同实施过程中，发包人就会面临以下两种可能的风险：

（1）由于投标报价低，工期紧，为了赶工期，承包人不得不对工程作较大的投入，从而增加成本。这时，承包人可能会因此偷工减料，严重影响工程质量，威胁工程安全。

（2）为赶工期增加投入，承包人增大了工程成本，造成企业亏损，被迫降低施工速度，甚至被迫停工，从而会延长工程总工期，结果适得其反。

2. 发包人义务的履行

合同文件中规定的发包人义务能否认真履行，对工程进度影响是较大的，也是承包人是否会提出工期索赔的主要原因。所以监理人要不断关注和提醒发包人履行其义务。如进场交通道路、施工场地和征占土地、房屋、供水、供电和通信等条件的提供，以及抓好设计工作，按时提供施工图纸，按期支付工程价款，积极主动协调与地方政府和附近居民的关系等。为项目的合同管理工作和承包人的施工环境创造良好的外部条件。

3. 施工进度的考核

考核承包人工程施工进度是否满足合同规定的控制性工期和总工期，是监理人重要的工作。但是，考核的标准是变化的。但无论如何变化，承包人编制各阶段的或修订的施工进度计划，必须与发包人协商，并经监理人审核同意。依据同意后的施工进度计划考核下

一阶段的施工进度。一旦发现有偏离，就应查清原因和责任，确定修订原则和采用补救措施，使工程实际进展在监理人监督的情况下，按事先确定的计划实现。只有这样才能按合同总工期要求有序而顺利地完成工程建设任务。

4. 发包人干预承包人的施工

承包人对所有工程的现场作业和施工方法的完备、稳定和安全承担全部责任，安全、准时地完成工程建设是承包人的义务。发包人对这些责任和义务无权改变和干预，否则将形成义务责任的转化，导致工程延期，这时承包人有权获得工期和经济补偿。所以，发包人不能以行政手段直接指挥生产，这对实行招标投标制和合同管理制的工程来说，是严重违反合同规定的行为。发包人要以合同为准则，责任明确，不干预，多协商，做好各种服务工作，协调好各方关系，为承包人的工程施工创造一个良好的外部条件，以利于顺利完成工程建设。

5. 延期事件的处理

在合同执行过程中延期事件是有可能发生的，其往往涉及各种原因和各方责任，是错综复杂的。因此，在处理延期事件时，首先应深入实际，进行实事求是的调查，核对同期记录，客观分析，分清责任，并及时进行疏导和协调，按程序妥善处理，把引发事件的原因消灭在萌芽状态。这样才能使合同双方的损失最小，也及时改善了施工条件。否则会使事态扩大，严重影响工程顺利实施，给处理延期事件带来困难。

二、现场作业和施工方法的监督与管理

（一）审查承包人的施工技术措施

承包人进场后一定时间内，必须对单位工程、分部工程制定具体的施工组织设计，经监理人审批后，方能生效。主要包括以下内容：

1. 工程范围

说明本合同工程的工作范围。

2. 施工方法

施工方法包括现场所使用的机械设备名称、型号、性能及数量；负责该项施工的技术人员的人数；各种机械设备操作人员和各工种的技术工人人数，以及一般的劳动力人数；辅助设施；照明、供电、供水系统的配置以及各种临时性设施。

3. 材料供应

说明对于材料的技术质量要求、材料来源、材料的检验方法和检验标准。

4. 检查施工操作

（1）检查施工准备工作，如测量网点复测和设置、基础处理及施工设施和设备的布置等的准备工作。

（2）说明每一个施工工序的操作方法和技术要求。如混凝土工程模板的架立和支撑，预埋件的埋设和固定，混凝土材料的加工和储存，混凝土的拌和、运输与浇筑，混凝土的养护等，均需说明具体的施工工艺要求、技术要求和注意事项。

5. 质量保证的技术措施

承包人在工作程序中要表明，为了保证达到技术规范规定的技术质量要求和检验标准，将采取哪些技术保证措施。例如，在施工放样时，如何保证建筑物坐标位置的标准性、垂直度、坡度和几何尺寸的准确性；用什么技术措施保证混凝土浇筑的质量，或土方填筑的密实度等。

（二）监督、检查现场作业和施工方法

监理人在现场的主要任务是代表发包人监督工程进度，监督和检查现场作业、施工方法、工程质量，调查和收集施工作业资料，准确地做好施工值班记录。值班记录包括施工方法、施工工序和现场作业的基本情况；出勤的施工人员工种、数量和工时；施工设备种类、型号、数量和运行台时；消耗材料的种类和数量；施工实际进度和效率、工程质量，以及施工中发生的各种问题和处理情况等（如停工、停电、停水、安全事故、施工干扰等）。这些基本情况是信息管理的信息源，是进行投资、进度和质量控制的基本资料，是作为核实合同执行情况，处理合同具体事件，索赔、争端或提交仲裁的重要基础资料。由于值班记录不全、不详细甚至漏记各种事件或事故的同期记录，其后果是处理事件时没有核实事实的依据，造成处理索赔和争端的困难，导致发包人处于不利的地位。这种情况在过去多个涉外工程合同实施过程中常有发生，因此现场监理人员跟班进行施工监督是其最基本的职责，否则将视为不称职或失职，也是合同管理上失控的一种体现。另外，还要避免监理人的现场管理机构人员变动过大，轮换值班，这将严重影响合同管理的连续性。

（三）核查承包人施工临时性设施

监理人应依照项目合同的规定和承包人提交的施工方法的说明，对承包人施工临时设施进行审核。这里的临时设施主要包括：

1. 施工交通。包括场内外交通的临时道路、桥涵、交通隧洞和停车场。

2. 施工供电。包括施工区和生活区的输电线路、配电所及其全部配电装置和功率补偿装置。

3. 施工供水。包括施工区和生活区的供水系统。

4.施工照明。包括所有施工作业区、办公区和生活区以及道路、桥涵、交通隧道等的照明线路和照明设施。

5.施工通信。

（1）项目的施工场地内无通信设施时，承包人应在工程开工前与当地邮电部门协商解决通向施工现场的通信线路和现场的邮电服务设施，并由承包人签订协议。

（2）承包人应负责设计、施工、采购、安装、管理和维修施工现场的内部通信服务设施。发包人和监理人有权使用承包人的内部通信设施。

6.砂石料和土料开采加工系统，或采购运输。

（1）承包人应负责提供合同工程施工所需的全部砂石料和土料，并负责砂石料和土料加工系统的设计和施工以及加工设备的采购、安装、调试、运行、管理和维修。

（2）砂石料和土料开采加工系统的生产能力和规模应根据施工总进度计划，对各种砂石料和土料的需要进行料场的开采、加工、储存和供料平衡后选定，配置的开采加工设备应满足砂石料和土料的高峰要求。

（3）承包人提供的各种砂石料和土料应满足施工图纸的技术要求和符合各专项技术条款规定的质量标准。

7.混凝土生产系统。

（1）承包人应负责混凝土生产系统的设计和施工，包括混凝土骨料储存、拌和、运输，以及材料、设备和设施的采购、安装、调试、运行管理和维修等。

（2）混凝土生产必须满足混凝土的质量、品种、出口温度和浇筑强度等级要求。

（3）承包人应按施工图和技术条款的温控要求，负责混凝土制冷（热）系统的设计和施工，并负责制冷（热）设备的采购、安装、调试、运行管理和维修。

8.施工机械修配和加工厂。

（1）承包人应按施工图纸的施工要求修建施工机械修配和加工厂，包括：机械修配厂、预制混凝土构件加工厂、钢筋加工厂、木材加工厂和钢结构加工厂。

（2）承包人应负责上述加工厂的设计、施工及其各项设备和设施的采购、安装、调试、运行管理和维修。

9.仓库和堆料场。

（1）承包人应负责工程施工所需的各项材料、设备仓库的设计、修建、管理和维护。

（2）储存炸药、雷管和油料等特殊材料的仓库应严格按监理人批准的地点进行布置和修建，并遵守国家有关安全规程的规定。

（3）各种露天堆放的砂石骨料、土料、弃渣料及其他材料应按施工总布置规划的场地进行布置设计，场地周围及场地内应做防洪、排水等保护措施以防止冲刷和水土流失。

10.临时房屋建筑和公用设施。

（1）除合同另有规定外，承包人应负责设计和修建施工期所需的全部临时房屋建筑和公用设施（包括职工宿舍、食堂、急救站和公共卫生等房屋建筑和设施，文化娱乐、体育场地和设施，治安等房屋建筑，消防设施等）。

（2）承包人应按施工图纸和监理人的指示，负责上述临时房屋和公用设施的设备采购、安装、管理和维护。

（四）主持生产例会

1.依据合同规定，监理人应在每周的某一日和每月底定期主持召开周、月生产例会，检查承包人的合同执行情况、施工进展和工程质量情况，协调解决工程施工中发生的工程变更、质量缺陷处理、支付结算等问题；并协调解决承包人、设计人员、发包人等各方的关系，协调解决（解答）承包人提出的问题。

2.承包人应在生产例会上按规定的格式提交周、月报表，其内容包括：

（1）上周（或上月）计划要求、实际完成和累计完成工程量统计。

（2）本周（本月）计划完成的工程量。

（3）质量情况汇报，以及按监理人规定的格式提交周、月各项目质量统计报表。

3.监理人负责编写每周（每月）生产例会的会议纪要，抄送承包人，并报发包人备案。

三、 工程质量控制

在项目合同实施阶段，保证项目施工质量是承包人的基本义务，而工程质量检查、工程验收检验是监理人进行合同管理的重要任务之一。监理人从原材料、工程设备和工艺等施工活动的全过程项目施工进行有效监督和控制。

（一）工程质量控制的依据

1.合同文件，特别是发包人和承包人签订的工程施工合同中有关质量的合同条款。

2.已批准的工程设计文件和施工图纸，以及相应的设计变更与修改通知。

3.已批准的施工组织设计和确保工程质量的技术措施。

4.合同中引用的国家和行业（或部颁）工程技术规范、标准、施工工艺规程、验收规范以及国家强制性标准。

5.合同引用的有关原材料、半成品、构配件方面的质量依据。

6.制造厂提供的设备安装说明书和有关技术标准。

（二）工程质量检查的方法

1. 旁站检查。指监理人员对重要工序、重要部位、重要隐蔽的施工进行现场监督和检查，以便及时发现事故苗头，避免发生质量问题。

2. 测量和检测。对建筑物的几何尺寸和内部结构进行控制。

3. 试验。监理人为确认各种材料和工程部位内在品质所做的试验。

4. 审核有关技术文件、报告、报表。对质量文件、报告、报表的审核是监理人进行全面质量控制的重要手段。

（三）工程质量检查内容

1. 检查承包人在组织和制度上对质量管理工作的落实情况

监理人应要求并督促承包人建立和健全质量保证体系，全面推行质量管理，在工地设置专门的质量检查机构，配备专职的质量检查人员，建立完善的质量检查制度。承包人应在接到开工通知后的一定时间内，提交一份内容包括质量检查机构的组织、岗位责任、人员组成、质量检查程序和实施细则等的工程质量保证措施报告，报送监理人审批。

2. 审查施工方法和施工质量保证措施

审查承包人在工程施工期间提交的各单位工程和分部工程的施工方法和施工质量保证措施。

3. 对需要采购的材料和工程设备的检验和交货验收

对于承包人负责采购的材料和工程设备，应由承包人会同监理人进行检验和交货验收，并提供检验材料质量证明和产品合格证书。承包人还应按合同规定的技术标准进行材料的抽样检验和工程设备的检验测试，并应将检验成果提交给监理人。监理人应按合同规定参加交货验收，承包人应为其监督检查提供一切方便。监理人参加交货验收不解除承包人所承担的任何应负的责任。

对于发包人负责采购的工程设备，应由发包人（或发包人委托监理人代表发包人）和承包人在合同规定的交货地点共同进行交货验收，由发包人正式移交给承包人。在验收时承包人应按监理人的指示进行工程设备的检验测试，并将检验结果提交监理人。工程设备安装后，若发现工程设备存在缺陷时，应由监理人和承包人共同查找原因，如属设备制造不良引起的缺陷应由发包人负责；如属承包人运输和保管不慎或安装不良引起的损坏应由承包人负责。如果工程材料也由发包人采购时，提供给承包人的材料应是合格的。由于建筑材料的问题，造成工程质量事故时，其质量责任要由发包人承担。

4. 现场的工艺试验

承包人应按合同规定和监理人的指示进行现场工艺试验。如爆破试验（预裂爆破、光面爆破和控制爆破等）、各种灌浆试验、各种材料的碾压试验、混凝土配合比试验等。其试验成果应提交监理人核准，否则不得在施工中使用。在施工过程中，如果监理人要求承包人进行额外的现场工艺试验，承包人应遵照执行。

5. 工程观测设备的检查

监理人需检查承包人对各种观测设备的采购、运输、保存、滤定、安装、埋设、观测和维护等。其中观测设备的滤定、安装、埋设和观测必须在有监理人在场的情况下进行。

6. 现场材料试验的监督和检查

监理人需监督检查承包人在工地建立的试验室，包括试验设备和用品、试验人员数量和专业水平，核定其试验方法和程序等。承包人应按合同规定和监理人的指令进行各项材料试验，并为监理人进行质量检查和检验提供必要的试验资料和成果。监理人进行抽样试验时，所需试件应由承包人提供，也可以使用承包人的试验设备和用品，承包人应予协助。

7. 工程施工质量的检验

（1）施工测量。监理人应在合同规定的期限内，向承包人提供测量基准点、基准线、水准点及其书面资料。承包人应依上述基准点、基准线以及国家测绘标准和本工程精度要求，布设自己的施工控制网，并将资料报送监理人审批。待工程完工后完好地移交给发包人。承包人应负责施工过程中的全部施工测量工作，包括地形测量、放样测量、断面测量、收方测量和验收测量等，并应由承包人自行配置合格的人员、仪器、设备和其他物品。承包人在各项目施工测量前还应将所采取措施的报告报送监理人审批。监理人可以指示承包人在监理人监督下或联合进行抽样复测，当抽样复测发现有错误时，必须按照监理人指示进行修正或补测。监理人可以随时使用承包人的施工控制网，承包人应及时提供必要的协助。

（2）监理人有权对全部工程的所有部位及其任何一项工艺、材料和工程设备进行检查和检验，也可随时提出要求，在制造地、装配地、储存地点、现场、合同规定的任何地点进行检查、测量和检验，以及查阅施工记录。承包人应提供通常需要的协助，包括劳务、电力、燃料、备用品、装置和仪器等。承包人也应按照监理人的指示，进行现场取样试验、工程复核测量和设备性能检测，提供试验样品、试验报告和测量成果，以及完成监理人要求进行的其他工作。监理人的检查和检验不解除承包人按合同规定应负的责任。

（3）施工过程中承包人应对工程项目的每道施工工序认真进行检查，并应把自行检查结果报送监理人备查，重要工程或关键部位承包人自检结果需核准后才能进行下一道工序施工。如果监理人认为必要时，也可随时进行抽样检验，承包人必须提供抽查条件。如抽查结果不符合合同规定，则必须进行返工处理，处理合格后，方可继续施工。

（4）依据合同规定的检查和检验，应由监理人与承包人按商定的时间和地点共同进行检查和检验。如果监理人未按商定时间派员到场，除监理人另有指示外，承包人可自行检查和检验，并立即将检验结果报送监理人，由监理人给予事后确认。不论何种原因，只要监理人对承包人报送的结果有疑问，都可以重新抽样检验。

如果承包人未按合同规定自行检查和检验，监理人有权指示承包人补做这类检查和检验，承包人应遵照执行；如果监理人指示承包人对合同中未做规定的某项进行额外检查和检验时，承包人也应遵照执行。若上述检查和检验，承包人未按照监理人指示完成，监理人有权指派自己的人员或委托其他有资质的检验机构和人员进行检查和检验，承包人不得拒绝，并应提供一切方便，其检验结果也必须承认。

8.隐蔽工程和工程隐蔽部位的检查

（1）覆盖前的检查。经承包人的自行检查确认隐蔽工程或工程的隐蔽部位具备覆盖条件的，承包人应在24h内通知监理人进行检查。监理人应按通知约定的时间到场检查，当确认符合合同规定的技术质量标准时，应在检查记录上签字，承包人在监理人签字后才能进行覆盖。如果监理人未按约定时间到场检查，拖延或无故缺席，造成工期延误，承包人有权要求延长工期和赔偿其停工或误工损失。

（2）虽然经监理人检查，并同意覆盖，但事后对质量有怀疑时，监理人仍可要求承包人对已覆盖的部位进行钻孔探测，甚至揭开重新检验，承包人应遵照执行；当承包人未及时通知监理人，或监理人未按约定时间派人到场检查时，承包人私自将隐蔽部位覆盖，监理人有权通知承包人进行钻孔探测或揭开检查，承包人必须遵照执行。

9.不合格工程、材料和工程设备的处理

在工程施工中禁止使用不符合合同规定的等级质量标准和技术特性的材料和工程设备。如果承包人使用了不合格的材料、工程设备和工艺，并造成工程损害时，监理人可以随时发出指示，要求承包人立即改正，并采取措施补救，直至彻底清除工程的不合格部位以及不合格的材料和工程设备。若承包人无故拖延或拒绝执行监理人的上述指令，则发包人可按承包人违约处理，发包人有权委托其他承包人承担此项任务，其违约责任应由承包人承担。

四、投资控制和费用支付

在工程承包合同实施阶段，工程投资（造价）管理是发包人和监理人的重要任务。工程投资管理的目的是在保证工程质量、进度和施工安全的条件下，使投资控制在合同价格范围内，并保证工程价款的支付都是按照合同规定的，防止不合理的超支。发包人通过监理人进行工程投资（造价）的管理，其内容包括：制定工程合同的投资控制规划和目标、编制资金使用计划、控制每期进度支付。工程价款支付凭证是发包人授权监理人签发的，这是监理人制约承包人的主要经济手段，也是监理人通过合同规定的计量标准和支付手段进行的投资管理和投资控制。

（一）合同投资控制性目标的编制

在发包人主持下，监理人依据施工进度计划、工程设计概算和合同价，以及经监理人核定的承包人现金流量，制定工程合同投资控制规划和资金使用计划。同时，要考虑对工程变更、索赔和物价浮动调价的预测，以及对发包人风险的评估等。结合工程的特点，影响发包人投资控制的主要风险因素有：

1. 工程地质和水文地质的影响。

2. 工程重大设计变更和合同变更。

3. 超标准洪水、恶劣气候和不利的自然条件。

4. 发包人提供的场地、设备、材料等对工程的影响等。

针对上述风险因素，监理人要研究各种防范措施，控制工程投资，避免失控，并在合同执行过程中不断完善和修正工程投资规划和目标，并提供发包人进行投资控制的参考。

监理人依据承包人投标报价的工程量清单与合同规定各种费用的支付和扣还，按照审定的施工进度计划，进行资金分配，统计各时段需要支付的资金，并参照承包人现金流量，编制工程资金使用计划。该计划作为发包人制定各年、季、月资金投入计划的基础以及指导和控制承包人年、季和月计划的依据。同时，编制工程合同的时间与资金的计划累计曲线，通过对比实际支付费用的累计曲线，考核承包人的资金使用和工程项目进展情况，以及投资控制的情况。

根据工程进展情况，应该不断修正工程资金使用计划。对工程资金的投入累计曲线要进行经常性的分析，适时调整工程进度计划，并从中找出问题，采取相应的资金和施工措施，确保工程总目标的实现。

（二）工程预付款支付和扣还

工程预付款是发包人为了帮助承包人解决资金周转困难的一种无息贷款，供承包人为添置本合同施工设备以及其他承包人需要预先垫支的部分费用。工程预付款的额度一般是合同价的10%—20%。

1. 工程预付款的支付条件和支付方式

当合同已签订，承包人已按合同规定的额度提供履约保函后，由监理人开具付款证书，发包人按合同规定的额度进行预支付。一般分两次支付，第一次预付款应在协议书签订后21天内，其金额应不低于工程预付款总金额的40%。第二次工程预付款需待承包人主要设备进入工地后，其估算价值已达到本次预付款金额时，由承包人提出申请，经监理人核实后出具付款证书报送发包人，并在14天之内将第二次预付款支付给承包人。

2. 工程预付款的扣还方式

工程预付款的扣还，一般按下列公式，从每期进度付款中扣还。

$$R = \frac{A}{(F_2 - F_1)S}(C - F_1 S)$$

式中 R——每月进度付款中累计扣还的金额；

A——工程预付款总金额；

S——合同价格；

C——合同累计完成金额；

F_1——开始扣还款时合同累计完成金额达到合同价格的百分比；

F_2——全部扣还款时合同累计完成金额达到合同价格的百分比。

上述合同累计完成金额均指与合同价格相对应的项目的累计完成金额，而且是未进行价格调整前和扣保留金的金额。其中，F_1一般选为20%，F_2一般选为90%。

（三） 材料预付款支付和扣还

当材料已进场并且其质量和储备条件符合合同规定的标准时，经监理人审核承包人提交的材料订货单、收据、数量或价格证明文件后，发包人按合同规定实际价格的90%的金额，支付给承包人材料预付款。材料预付款一般从付款月后的6个月内等额扣回。

（四） 保留金扣留和归还

发包人扣留保留金的目的是用于承包人履行属于自身责任的工程缺陷修补，处理项目质量问题，以及合同实施过程中承包人违约等，为有效监督承包人圆满完成合同目标提供资金保证。我国《水利水电土建工程施工合同条件》中建议从第一个月开始在给承包人的月进度付款中（不包括预付款和价格调整金额）扣留5.0%～10.0%，直至扣款总金额达到合同价格的2.5%～5.0%为止（对于具体保留金扣留比例和扣留方式在招标文件的合同专用条款中设定）。在签发工程移交证书后14天内监理人出具保留金付款证书，发包人将保留金一半支付给承包人；在本合同全部工程的保修期满时，监理人出具付款证书，发包人收到证书后14天内将剩余保留金支付给承包人。

（五） 物价波动的价格调整

由于工程投标时，承包人一般是按投标截止日前28天或42天，或标书中约定时点的物价水平编制的投标报价，而且大中型水利工程的施工期较长，在此期间的物价波动很难

预测，因此应在合同实施期间根据市场物价波动情况，按每期进度付款额进行合同价格的调整。一般采用调差公式法，即

$$\triangle P = P_0\left(A + \sum B_n \frac{F_{in}}{F_{on}} - 1\right)$$

式中 $\triangle P$——需要调整的价格差额；

P_0——每月进度付款证书中应调整价格的金额；

A——值权重（即不调部分的权重）；

B_n——可调变值权重（即可调部分权重），是指各可调项目费用在合同价格（监理人概算或标底）中所占的比例；

F_{in}——可调项目的现行价格指数，该指数可选择月完成工程量计算周期最后一天的价格指数，也可选择监理人颁发付款证书前42天的价格指数；

F_{on}——可调项目的基本价格指数，是指投标截止日前42天的各可调项目的价格指数。

运用该公式时应注意以下几个问题。

1. 调价金额（P_0）

P_0是指每期付款证书中承包人应得到的已完成工程量的金额，但不包括各种价格调整，不计保留金的扣留和退还，不计工程预付款和材料（永久设备）预付款支付和扣还，也不包括按现行价格计价的工程合同变更费用等。即P_0是指招标文件指明的开标前确定时点的物价水平，及编制的投标价格相对应的项目每期结算额。

2. 调价项目和权重系数（B_n）的确定

一般选择5~12个项目可以满足调价精度。权重系数是监理人通过合同概算确定的，即把影响工程成本较小和不具有代表性的项目，按其性质归纳到各调价项目之中，并计算出调价项目的费用，该费用所占合同概算的比例，即为该项目权重系数。依此确定该项目权重的范围值，并列明在招标文件中，投标人投标时依据施工方案和投标价格，并预测施工期货物价格波动情况选定（与涨价幅度成正比），所有各项目的权重之和为1.0。投标人一旦中标，所选定的权重系数即作为调价公式中的权重系数。

3. 定值权重（A）

A是指不参与调价部分项目的费用占合同概算的比例，定值权重在招标文件中以固定值列明，即不允许投标人选定。

4. 价格指数（F_{in}、F_{on}）选择

投标人在投标文件中按招标文件的规定和格式，填写各调价项目的基本价格指数（同时注明相应的项目价格），并指明价格指数来源的官方机构、刊物名称、条目编号及采用指数日期等。价格指数应首先选择国家或省（自治区、直辖市）政府物价管理部门或统计

部门提供的价格指数。当缺乏上述价格指数时，可采用上述部门提供的物价或双方商定的专业部门提供的价格指数或物价代替。

5. 承包人工期延误后价格调整的限制

由于承包人的原因未按合同规定的竣工日期完工，或者未按经监理人和发包人批准延长工期后的完工日期完工，对其后所完成的工程进行调价时，既可采用原定完工的现行价格指数，也可以采用监理人颁发付款证书前42天的现行价格指数，或者采用月完成工程量计算周期最后一天的价格指数。选取的原则是有利于发包人。如果不是承包人的责任，并经监理人和发包人批准的完工延期，延长期间的价格调整可采用月完成工程量计算周期最后一天的价格指数。

（六）进度款支付

1. 月进度支付

月进度支付是监理人按事先确定的计量标准核定的工程实际完成工作量，按月进行支付。支付的前提是工程质量必须满足技术条款的规定，并且完成的工作量达到最低付款限额。如果月进度支付款达不到最低付款限额，则合并到下一期支付。月进度支付的时限是：一般情况下在监理人收到承包人的月进度付款申请单后28天之内，经监理人核定后由发包人支付；如果发包人延期支付，按合同规定的利率支付给承包人利息。同时，监理人有权对以往历次已签证的月进度付款证书的汇总和复核中发现的错、漏或重复进行修正和更改。

月进度支付的工作程序：

（1）对当月完成工程量进行收方、计量和列项。每月25日开始对当月完成工程量情况进行收方和计量，并对新增加的工程项目列项。收方的方法可采用承包人自测，由监理人抽查验证，也可以采用联合测量收方，共同确认工程完成量。

（2）承包人编制月进度付款申请单。申请单的主要内容是：

① 已完成的《工程量清单》中的工程项目及其他项目的应付金额。

② 经监理人签认的当月计日工支付凭证标明的应付金额。

③ 按合同规定的价格调整金额。

④ 工程材料预付款金额。

⑤ 发包人应扣还各种预付款、保留金等。

（3）监理人对月进度付款申请的审核。收到承包人月进度支付申请单之后，监理人主持全面审核，负责各项目的监理人员分别审查各项目完成的工程量和工作量，同时对各项目提出质量评定。对付款申请中错误或意见不一致的地方，应事先协商，争取一致。经协商取得一致意见后，承包人再按此重新申报月进度付款申请。如果不能取得一致，可以移至下月继续协商再结算，或者由监理人做出决定。一般情况下，监理人在收到月进度付款申请单后的14天内完成核查，并向发包人出具月进度付款证书。

监理人核查月进度付款申请内容如下：

① 各项目当月完成量（计量标准是否符合合同规定）或累计完成量应与联合收方或经双方讨论的相一致，否则应进行相应改正。

② 付款申请列项是否正确，与工程量清单中承包人投标时所报单价是否相一致。

③ 计日工是否经过监理人的批准，批准手续是否完善，批准文件是否齐全。核实统计报表与监理人掌握记录是否一致等。

④ 合同变更和索赔项目是否经发包人和监理人批准，批准手续和文件是否完善和齐全，并重新核实承包人的同期记录。

⑤ 核查各项费用计算是否正确。

（4）编制和签发月进度付款证书。监理人经过认真核查，并通过与承包人和发包人协商，确定月进度付款金额之后，由监理人草拟月进度付款证书，经总监理工程师签字批准后，呈报发包人。

（5）发包人办理支付手续。发包人根据监理人签发的月进度付款证书进一步核实，如有异议则与监理人协商，必要时监理人再与承包人协商。取得一致意见后，在收到付款证书后的一定时间（一般为14天）内，发包人签字办理支付手续，从银行或贷款单位直接转入承包人的银行账户。

2. 完工结算

在合同工程接收证书颁发后的一定时间内，承包人应按监理人批准的格式，向监理人提交完工付款申请单，并附有监理人的证明文件，申请单的内容主要有：

（1） 到完工证书注明的日期（指完工日期）为止，根据合同累计完成的全部合同工程价款金额。

（2） 承包人认为根据合同应支付给他的追加金额和其他金额。

（3） 承包人认为根据合同将支付给他的全部计算数额。

监理人在收到承包人提交的完工付款申请单后的一定时间（一般为28天）内完成复核，复核过程中如有歧义应与承包人和发包人协商，并做相应调整或修改。完成复核后，在完工付款申请单上签字和出具完工付款证书报送发包人审批。发包人在收到上述付款证书后的一定时间（一般为42天）内审批后支付给承包人。若发包人不按期支付，则应按与按月进度支付规定相同的办法，将逾期付款违约金加付给承包人。同时，监理人应核定合同工程投资的控制状况，对合同工程量清单内项目的支付、合同外工程和合同变更支付、计日工支付、物价波动调价、索赔等5个方面的状况进行财务核定和财务分析。

3. 最终结清

颁发履约证书后，承包人虽已全部完成合同工程的承包工作，但合同的财务尚未结清。因此要求承包人在收到履约证书后的一定时间（一般为28天）内，按监理人批准的格式向监理人提交最终付款申请单（也称最终财务报表，一式4份），并附有有关证明文件。该申请单包括以下内容：

(1) 按合同规定已经完成的全部工程价款金额。

(2) 按合同规定应付给承包人的追加金额。

(3) 承包人认为应付给他的其他金额。

(4) 最终结算总金额和应最终支付的金额。

监理人应对承包人提交的最终付款申请单仔细核查，若对某些内容有异议，应与发包人和承包人反复协商，并有权要求承包人进行修改和提供补充资料，直至监理人认为符合约定的支付条件为止。然后由承包人提交经同意修改后的最终付款申请单，同时要求承包人向发包人提交结清单，其副本提交监理人。该结清单应进一步证实最终付款申请单的总金额是根据合同规定应付给承包人的全部款项的最终结算金额，并包括结清全部索赔额。但是，结清单应在承包人收到退还履约担保证件且发包人已向承包人付清监理人出具的最终付款证书中标明，最终支付金额后方才生效。这也是保护承包人合法权益的措施。

监理人在收到经其同意的最终付款申请单和结清单副本后的约定时间（一般为14天）内，出具一份最终付款证书报送发包人审批。最终付款证书应说明：

(1) 按合同规定和其他情况应最终支付给承包人的合同总金额。

(2) 发包人已支付的所有金额以及发包人有权得到的全部金额。

(3) 发包人还应支付给承包人或者承包人应返还给发包人的金额。

发包人审查最终付款证书后，应当确认是否还应向承包人付款，若是，则应在收到该证书后的约定时间（一般为42天）内，向承包人付款。当承包人还应向发包人支付返还款时，承包人也应在收到通知后的约定时间（一般为42天）内，还给发包人。若不按期支付均应按逾期违约论，并加付逾期违约金。

合同中的各项工程已全部完成并最终移交给发包人，以及最终支付金额结清，履约担保证件已退还承包人，结清单正式生效。承包人对由合同及工程实施引起的或与之有关的任何问题和事件，不再承担任何责任，合同自然终止。

五、合同项目变更

（一）变更的范围和内容

1.增加或减少合同中所包括的工作数量。

2.省略某一工作（但被省略的工作由业主或其他承包人实施者除外）。

3.改变某一工作的性质、质量或类型。

4.改变工程某一部位的标高、基线、位置和尺寸。

5.实现工程竣工所必需的附加工作。

6.改变工程某一部分的已做规定的施工顺序或时间安排。

（二）变更的处理原则

1.引起工期改变的处理原则

在合同执行过程中，若不是由承包人的原因引起的变更，使关键项目的施工进度计划拖后而造成工期延误时，由监理人与发包人和承包人协商，让发包人延长合同规定的工期；若变更使合同关键项目的工作量减少，由监理人与发包人和承包人协商，让发包人把变更项目的工期提前。

2.确定变更价格的原则

（1）在合同《工程量清单》中有适用于变更工作的项目时，应采用该项目的单价。

（2）在合同《工程量清单》中无适用于变更工作的项目时，可在合理的范围内参考类似项目的费率或单价作为变更项目估价的基础，由监理人与承包人商定变更后的费率和单价。

（3）在合同《工程量清单》中无类似项目的费率或单价可供参考时，则应由监理人与发包人协商确定新的费率或单价。

3.由承包人的原因引起的变更处理原则

（1）若承包人根据工程施工需要，要求监理人对合同的某一项目和工作进行变更时，则应提交详细的变更申请报告，由监理人审批，批准的原则是技术上可行和经济上合理，即按新的为发包人省钱的价格为承包人结算。如果技术上可行，并且能确保原工期，但经济不合理时，超过部分由承包人自行承担。未经批准，承包人不得擅自变更。

（2）承包人要求的变更属于合理化建议的性质时，经与发包人协商，建议如被采纳，由监理人发出变更决定后方可实施。发包人应酌情给予奖励。

（3）承包人违约或其他由于承包人原因引起的变更，其增加的费用和工期延误责任由承包人自行承担。其延误的工期承包人必须采取适当赶工措施，确保工程按期完成。

（三） 变更工作程序

如果监理人认为有必要对工程或其中某一部分的形式、质量或数量做出变更（不论是谁提出的任何变更），则有权确定费率和指示承包人进行此类变更。其变更程序如下：

1. 发出变更指示。监理人在发包人授权范围内，只要认为此类变更是必要的，就应该及时向承包人发出变更指示。其内容应包括变更项目的详细变更内容、变更工程量、变更项目的施工技术要求、质量标准、图纸和有关文件等，并说明变更的处理原则。

2. 承包人对监理人提出的变更处理原则持有异议时，可在收到变更指示后在约定时间（一般为7天）内通知监理人，监理人在收到通知后在约定时间（一般为7天）内，经与发包人和承包人协商之后以书面方式答复承包人。

3. 承包人收到监理人发出的变更指示后在约定时间（一般为28天）内，应向监理人提交一份变更报价书。内容包括承包人确认的变更处理原则、变更工程量和变更项目的报价单。监理人认为必要时，可要求承包人提交重大变更项目的施工措施、进度计划安排和单价分析等资料。

4. 监理人应在收到承包人变更报价书后的约定时间（一般为28天）内，经与发包人和承包人协商，并对变更报价书进行审核后，做出变更决定，通知承包人，呈报发包人。如果发包人和承包人未对监理人的变更决定提出异议，则应按此决定执行。

5. 发包人和承包人未能就监理人的变更决定取得一致意见时，监理人的决定为暂时决定，承包人也应遵照执行。此时，发包人或承包人有权在收到监理人变更决定后的约定时间（一般为28天）内将问题提请争端裁决委员会解决。若在此期限内双方均未提出上述要求，则监理人的变更决定即为最终决定，对双方均具有约束力。

6. 当发生紧急事件时，在不解除合同规定的承包人的任何义务和责任的情况下，监理人向承包人发出变更指示，可要求其立即进行变更工作，承包人应立即执行。然后承包人按上述变更程序提交变更报价书，由监理人与发包人和承包人协商后，在上述规定的时间内做出变更工作的价格和需要调整工期的决定，并补发变更决定的通知。

六、 工程索赔处理

索赔管理是合同管理的主要任务之一，它直接关系到投资、进度和工程质量的控制。因此，合同各方对索赔事件应有正确的认识和理解，否则会给项目合同的实施造成严重的困难。

（一） 索赔发生的原因

在项目合同执行过程中，导致承包人提出索赔的原因是多方面的，常见的有以下几种。

1. 由发包人提供的原始资料不足或不准确引起的索赔

发包人在招标时向投标人提供的气象、水文和地质等原始资料与工程实际情况不符时，导致承包人工期延误或费用增加，承包人有权要求索赔。但是，属于承包人判断上的错误问题，不能提出索赔。

2. 由合同项目变更未能及时处理引起的索赔

由于发包人原因引起的工程设计、合同范围、施工顺序和工期的改变，以及发包人提前占用或使用部分永久性工程等，给承包人造成费用增加时，应由发包人及时进行补偿。在发包人未做及时处理的情况下，承包人有权要求索赔。

3. 由后续的法律、法规和规章的变更引起的索赔

在合同实施过程中，因国家法律、法规和规章的改变引起的费用增加，发包人应给予补偿；如果引起的费用减少，则发包人应扣回多余款额。如果发包人未做出相应的调整，则承包人有权要求索赔。

4. 由发包人风险引起的索赔

若出现发包人负责的工程设计不当，发包人提供不合格的材料和工程设备，承包人不能预见、不能避免并不能克服的自然灾害和外部障碍，战争、动乱等社会因素等问题，均属发包人风险造成的损失和损坏，其责任由发包人承担，承包人有权提出索赔的要求。

5. 由发包人违约引起的索赔

发包人未能按合同规定的时间和内容提供施工条件，如承包人进场条件和通道、水和电的供应、通信、住宿和医疗条件、施工用地、测量基准等准备工作；未能按合同规定的期限向承包人提供施工图纸；未能按合同规定的时间支付各项预付款和合同价款，或拖延、拒绝批准付款申请和支付证书，导致付款延误；由于法律、财务等原因导致发包人已无法继续履行本合同义务等，由此造成承包人费用的增加和与此相关款额及工期延误均属发包人的责任，承包人有要求索赔的权利。

（二）索赔的类型

1. 工期索赔

工期索赔指由于发包人的责任及发包人违约和风险等原因，使得承包人不能按合同预定工期完成工程项目，而要求延长施工时间或推迟竣工日期和保修日期。

2. 费用索赔

费用索赔指由于发包人的责任及发包人违约和风险等原因，改变了原投标报价的条件，使得承包人为完成合同规定的工程任务增加了额外的开支。为此，承包人要求发包人

给予费用补偿或赔偿其经济损失。

(三) 索赔程序和时限

1. 索赔程序

(1) 索赔的提交。在索赔事件发生后，承包人在28天内将索赔意向书提交发包人和监理人。上述意向书发出28天内，再向监理人提交索赔申请报告，详细说明索赔理由和费用计算依据，并附必要的记录和证明材料。如果索赔事件继续发展或继续产生影响，承包人应按监理人的要求，定期提出索赔申请报告；索赔事件影响全部结束后28天内，承包人向监理人提交最终索赔申请报告。

(2) 索赔的审核。监理人收到索赔申请报告后，应立即进行审核，审核内容包括：

① 用监理人档案中的有关记录、调查资料，核对承包人所提出的基本事实。核查承包人引用的索赔权利的合同条款依据，以及对索赔事实的适用性，并进行实事求是的客观分析，公平地分清各方责任。

② 审核计算方式是否合理，核查计算结果。

③ 初步确定索赔款额或（和）延长工期，必要时，可要求承包人补充更详细的资料，或修改索赔申请报告。

(3) 监理人向发包人汇报审核承包人索赔申请报告的情况，并提出初步确定的索赔款额或（和）延长工期的建议。

(4) 发包人和承包人应在收到监理人的索赔处理决定后14天内，将其是否同意索赔处理决定的意见通知监理人。若双方均接受监理人的决定，则监理人在收到上述通知后14天内，依此实施，并将确定的索赔金额列入当月付款证书中支付。

(5) 若双方或其中任何一方不接受监理人的索赔处理决定，则双方均可按合同规定提请争议调解组解决。

2. 索赔的时限

《水利水电土建工程施工合同条件》中规定："承包人按第35.1款的规定提交了完工付款申请单后，应认为已无权再提出在本合同工程移交证书颁发前所发生的任何索赔。"还规定："承包人按第36.1款规定提交的最终付款申请单中，只限于提出本合同工程移交证书颁发后发生的新的索赔。提交最终付款申请单的时间是终止提出索赔的期限。"

如果承包人在寻求任何索赔时，未能遵守索赔程序的各项规定，其得到付款的权利将会受到限制。即承包人有权得到的有关付款将不超过监理人核定或争端裁决委员会核定，或者由仲裁机构裁定的金额。虽然在合同中规定了索赔程序和时限，但这并不影响通过法律程序提出解决争议和索赔的权利。

（四）发包人向承包人索赔

发包人向承包人索赔是指在合同执行过程中，由于承包人的责任给发包人造成经济损失或工程拖延，发包人可以按合同规定的合法程序要求承包人补偿、赔偿和赶工。另外，由于某种原因，承包人获得了可查清的不应得到的发包人支付的额外收益时，发包人有权索回这部分款额。

发包人向承包人索赔的主要原因有：工程误期、违反合同规定、工程缺陷和不执行监理人纠正指示、承包人违约，以及由于承包人违约、毁约或对此负有责任引起的变更等。

发包人向承包人索赔时，应恪守合同准则，运用合同条款，并通过监理人进行，做到有理、有利、有节，否则将会把发包人向承包人索赔演变成承包人向发包人进行索赔。在一般情况下，只要承包人认真履行合同，精心施工，按期竣工和按质量标准修补缺陷，很少会发生发包人向承包人索赔的情况，即使发生，其次数相对于承包人向发包人索赔也要少得多。在发生发包人向承包人索赔事件中，发包人处于主动地位，因为发包人可以从应支付或将要支付的任何款项中将赔偿扣回，也可从保留金和履约担保中得到补偿，或者以债务方式利用承包人的现场材料和设备作为抵押等。

七、合同违约的处理

（一）承包人违约

1. 承包人违约行为

（1）承包人无正当理由未按开工通知的要求及时进点组织施工和未按签订协议时商定的施工组织计划有效开展施工准备，造成工期延误。

（2）承包人私自将合同或合同的任何部分转让其他人，或私自将工程或工程的一部分分包出去。

（3）未经监理人批准，承包人私自将已按合同规定进入工地的施工设备、工程材料和临时设施撤离工地。

（4）承包人违反有关规定使用了不合格的材料和工程设备，并拒绝改正。

（5）由于承包人未按合同进度计划及时完成合同规定的工程，又未采取有效措施赶上进度，造成工期延误。

（6）其他承包人的原因，致使承包人造成损失的行为。

2. 监理人对承包人违约的处理程序

（1）监理人对承包人违约行为发出警告。承包人发生了违约行为后，监理人应及时向承包人发出书面警告，限令承包人立即采取有效措施认真改正，并尽可能挽回由于违约造成的延误和损失。

（2）发包人解除合同。如果承包人在收到书面警告后，继续无视监理人的指示，仍不采取有效措施改正其违约行为，继续延误工期或严重影响工程质量，甚至危及工程安全，监理人可暂停支付工程价款。发包人可通知承包人解除合同，并在发出通知14天后派员进驻工地直接接管工程，使用承包人设备、临时工程和材料，另行组织人员或委托其他承包人施工，但发包人的这一行动不解除承包人按合同规定应负的责任。发包人发出解除合同通知的14天期限并不是用于给予承包人补救违约的机会，而是允许承包人为撤离现场做一些必要的准备。同时，发包人为尽量减少对工程竣工延误的影响，要及时派员进驻工地继续施工。

3. 解除合同后的估价和结算

（1）解除合同后的估价。发包人通知承包人解除合同后，监理人应尽快通过调查取证并与发包人和承包人协商后确定并证明：

① 解除合同时，承包人根据合同实际完成的工作已经得到或应得到的金额。

② 未用或已经部分使用的材料、承包人施工设备和临时工程等的估算金额。

（2）解除合同后的付款。如果发包人按合同规定无论是在缺陷保修期满以前或期满之后解除合同时，监理人在合适的时间查清以下各种费用，并出具付款证书报送发包人审批后支付。未审批前发包人应暂停对承包人的一切付款，包括：

① 承包人按合同规定已完成的各项工作应得的金额和其他应得的金额（包括延迟付款违约金、赔偿费及其他费用）。

② 已获得发包人的各项付款金额。

③ 由于解除合同，监理人应查清工程（剩余的工程）的施工、竣工及修补所遗留缺陷的费用，竣工拖延的损坏赔偿费，以及由发包人支付的所有其他费用。

承包人有权得到的付款金额，是由监理人证明承包人完成的合格工程原应支付而未支付的金额，从中扣除承包人应支付和合理赔偿给发包人的上述3款费用的余额。如果承包人应支付和合理赔偿给发包人的上述3款费用超过发包人应支付而未支付的款额时，则承包人应将此超出部分的款额支付给发包人，并应视其为承包人欠发包人的应付债务。

（二）发包人违约

1. 发包人的违约行为

（1）发包人按合同规定的应付款时间内，未能按监理人的付款证书向承包人支付应支付的款额。

（2）发包人未按规定时间和合同内容提供施工用地、测量基准和施工图纸等，以及合同中规定应由发包人提供的条件等。

（3）由于法律、财务等原因导致发包人已无法履行或实质上已停止履行本合同的义务。

2.发包人违约的处理原则

（1）当发包人未按合同规定支付款项，导致付款延误违约时，发包人则应从逾期第一天起按中国人民银行规定的同期贷款利率计算逾期付款违约金。如果逾期（一般规定的时间28天）仍不支付，则承包人有权暂停施工，并通知发包人和监理人。由此增加的费用和工期延误责任，由发包人承担。

（2）若发包人因法律、财务等原因，丧失了履约和支付能力时，承包人在及时向发包人和监理人发出通知，并采取暂停施工的行动后，发包人仍不采取有效措施纠正其违约行为，承包人有权向发包人提出解除合同的书面要求，并抄送监理人。这时，承包人在发出书面通知规定的时间（一般为14天）后，有权采取行动解除合同。

3.合同解除后的付款

若发生因发包人违约而承包人在合同规定时间内采取行动解除合同时，发包人应在解除合同后28天内向承包人支付合同解除日前所完成工程的价款和为了履约已发生的或需要支付的费用、人员遣返费和施工设备退场费、合理的管理费和利润以及由于发包人违约造成承包人其他损失的合理补偿费。发包人亦有权要求承包人偿还尚未收回的全部预付款（工程预付款和材料预付款）的余额以及按合同规定应由发包人向承包人收回的其他金额。同时，发包人还应退还保留金、预付款保函和履约担保证件等。

第五节 合同验收与保修

一、合同验收

合同验收是指承包人按照合同内容规定的任务全部完成后，所进行的验收。合同验收后，监理人签署工程移交证书，完工工程的监管责任由承包人转移到发包人。

（一）合同验收的条件

当工程具备以下条件时，承包人提交验收申请报告：

1.已完成了合同范围内的全部单位工程以及有关的工作项目，但经监理人同意列入保修期期限内完成的尾工项目除外。

2.按规定备齐了符合合同要求的完工资料。

3.已按照监理人的要求编制了在保修期限期内实施的尾工工程项目清单和未修补的缺

陷项目清单，以及相应的施工措施计划。

（二）完工资料

1. 工程实施概况和大事记。

2. 已完工程移交清单（包括工程设备）。

3. 永久工程竣工图。

4. 列入保修期限内继续施工的尾工工程项目清单。

5. 未完成的缺陷修复清单。

6. 施工期的观测资料。

7. 监理人指示应列入完工报告的各类施工文件、施工原始记录（含图片和录像资料）及其他应补充的竣工资料。

（三）合同验收的内容和程序

1. 监理人的验收准备。当合同中规定的工程项目基本完工时，监理人应在承包人提出竣工验收申请报告之前，组织设计、运行、地质和测量等有关人员进行全面的工程项目的检查和检验，并核对准备提交的竣工资料等，做好工程验收的准备。

2. 承包人提交竣工验收申请报告，并附完工资料。

3. 监理人收到承包人提交的竣工验收申请报告后，审核其报告。

4. 当监理人审核后发现工程尚有重大缺陷时，可拒绝或推迟进行竣工验收，这时应在收到申请报告后28天内通知承包人，指出竣工验收前应完成的工程缺陷修复和其他的工作内容和要求，并将申请报告退还，待承包人具备条件后重新提交申请报告。

当监理人审核后发现对上述报告和报告中所列的工作项目和工作内容持有异议时，应在收到申请报告后的28天内将意见通知承包人，承包人应在收到上述通知后的28天内重新提交修改后的完工验收申请报告，直到监理人同意为止。

（四）合同的完工验收

监理人审核报告后认为工程已具备验收条件时，应在收到申请报告后的28天内提请发包人进行工程完工验收。发包人应在收到验收申请报告后的56天内签署工程移交证书，颁发给承包人。移交证书中应写明经监理人与发包人和承包人协商核定工程的实际竣工日期。此日期也是工程维修期的开始日期。

二、工程保修

（一）保修期

保修期是自工程移交证书中写明的全部工程完工日开始算起，保修期限在专用合同条款中规定（一般为1年），在全部工程完工验收前，已经发包人提前验收的单位工程或部分工程，若未投入正常使用，其保修期也按全部工程完工日开始计算。

（二）保修责任

1. 保修期内，承包人负责未移交的工程和工程设备的全部日常维护和缺陷修复工作，对已移交发包人使用的工程和工程设备，应由发包人负责日常维护工作，承包人应按移交证书中所列缺陷修复清单进行修复，直至监理人检验合格为止。

2. 发包人在保修期内使用工程和工程设备时，若发现新的缺陷和损坏或原修复缺陷部位或部件又遭破坏，则承包人应按监理人的指示修复，直至监理人检验合格为止。监理人应会同发包人和承包人共同进行查验，若属于承包人施工中隐存或承包人的责任造成的，由承包人承担修复费用；若属于发包人使用不当或其他发包人的责任造成的，由发包人承担修复费用。

（三）保修责任终止证书

在工程保修期满后28天内，由发包人或者委托监理人签署和颁发保修责任终止证书给承包人。若保修期满后还有缺陷未修补，则需待承包人按监理人的要求完成缺陷修复工作后，再颁发保修责任终止证书。颁发保修责任终止证书。

第五章 水利工程施工组织与进度控制

第一节 水利工程施工组织

一、施工方案、设备的确定

在水利工程施工组织设计方案研究中，施工方案的确定和设备及劳动力组合的安排和规划是重要的内容。

（一）施工方案选择原则

在具体施工项目的方案确定时，需要遵循以下几条原则。

1. 确定施工方案时尽量选择施工总工期时间短、项目工程辅助工程量小、施工附加工程量小、施工成本低的方案。

2. 确定施工方案时尽量选择先后顺序工作之间、土建工程和机电安装之间、各项程序之间互相干扰小、协调均衡的方案。

3. 确定施工方案时要确保施工方案选择的技术先进、可靠。

4. 确定施工方案时要着重考虑施工强度和施工资源等因素，保证施工设备、施工材料、劳动力等需求之间处于均衡状态。

（二）施工设备及劳动力组合选择原则

在确定劳动力组合的具体安排以及施工设备的选择上，施工单位要尽量遵循以下几条原则。

1. 施工设备选择原则

施工单位在选择和确定施工设备时要注意遵循以下原则。

（1）施工设备尽可能地符合施工场地条件，符合施工设计和要求，并能保证施工项目保质保量地完成。

（2）施工项目工程设备要具备机动、灵活、可调节的性质，并且在使用过程中能达到高效低耗的效果。

（3）施工单位要事先进行市场调查，以各单项工程的工程量、工程强度、施工方案等为依据，确定配套设备。

（4）尽量选择通用性强，可以在施工项目的不同阶段和不同工程活动中反复使用的设备。

（5）应选择价格较低，容易获得零部件的设备，尽量保证设备便于维护、维修、保养。

2.劳动力组合选择原则

施工单位在选择和确定劳动力组合时要注意遵循以下原则。

（1）劳动力组合要保证生产能力可以满足施工强度要求。

（2）施工单位需要事先进行调查研究，确保劳动力组合能满足各个单项工程的工程量和施工强度。

（3）在选择配套设备的基础上，要按照工作面、工作班制、施工方案等确定最合理的劳动力组合，混合劳动力工种，实现劳动力组合的最优化。

二、主体工程施工方案

水利工程涉及多种工种，其中主体工程施工主要包括地基处理、混凝土施工、碾压式土石坝施工等。而各项主体施工还包括多项具体工程项目。这里重点研究在进行混凝土施工和碾压式土石坝施工时，施工组织设计方案的选择应遵循的原则。

（一）混凝土施工方案选择原则

混凝土施工方案选择主要包括混凝土主体施工方案选择、浇筑设备确定、模板选择、坝体选择等内容。

1.混凝土主体施工方案选择原则

在进行混凝土主体施工方案确定时，施工单位应该注意以下几部分的原则。

（1）混凝土施工过程中，生产、运输、浇筑等环节要保证衔接的顺畅和合理。

（2）混凝土施工的机械化程度要符合施工项目的实际需求，保证施工项目按质按量完成，并且能在一定程度上促进工程工期和进度的加快。

（3）混凝土施工方案要保证施工技术先进，设备配套合理，生产效率高。

（4）混凝土施工方案要保证混凝土可以得到连续生产，并且在运输过程中尽可能减少中转环节，缩短运输距离，保证温控措施可控、简便。

（5）混凝土施工方案要保证混凝土在初期、中期以及后期的浇筑强度可以得到平衡的协调。

（6）混凝土施工方案要保证混凝土施工和机电安装之间存在的相互干扰尽可能小。

2. 混凝土浇筑设备选择原则

混凝土浇筑设备的选择要考虑多方面的因素，比如混凝土浇筑程序能否适应工程强度和进度、各期混凝土浇筑部位和高程与供料线路之间能否平衡协调，等等。具体来说，在选择混凝土浇筑设备时，要注意以下几条原则。

（1）混凝土浇筑设备的起吊设备能保证对整个平面和高程上的浇筑部位形成控制。

（2）保持混凝土浇筑主要设备型号统一，确保设备生产效率稳定、性能良好，其配套设备能发挥主要设备的生产能力。

（3）混凝土浇筑设备要能在连续的工作环境中保持稳定的运行，并具有较高的利用效率。

（4）混凝土浇筑设备在工程项目中不需要完成浇筑任务的间隙可以承担起模板、金属构件、小型设备等的吊运工作。

（5）混凝土浇筑设备不会因为压块而导致施工工期的延误。

（6）混凝土浇筑设备的生产能力要在满足一般生产的情况下，尽可能满足浇筑高峰期的生产要求。

（7）混凝土浇筑设备应该具有保障混凝土质量的措施。

3. 模板选择原则

在选择混凝土模板时，施工单位应当注意以下原则。

（1）模板的类型要符合施工工程结构物的外形轮廓，便于操作。

（2）模板的结构形式应该尽可能标准化、系列化，保证模板便于制作、安装、拆卸。

（3）在有条件的情况下，应尽量选择混凝土或钢筋混凝土模板。

4. 坝体接缝灌浆设计原则

在坝体的接缝灌浆时应注意考虑以下几个方面。

（1）接缝灌浆应该发生在灌浆区及以上部位达到坝体稳定温度时，在采取有效措施的基础上，混凝土的保质期应该长于四个月。

（2）在同一坝缝内的不同灌浆分区之间的高度应该为10~15米。

（3）要根据双曲拱坝施工期来确定封拱灌浆高程，以及浇筑层顶面间的限定高度差值。

（4）对空腹坝进行封顶灌浆或对受气温影响较大的坝体进行接缝灌浆时，应尽可能采用坝体相对稳定且温度较低的设备进行。

（二） 碾压式土石坝施工方案选择原则

在进行碾压式土石坝施工方案选择时，要事先对工程所在地的气候、自然条件进行调查，搜集相关资料，统计降水、气温等多种因素的信息，并分析它们可能对碾压式土石坝材料的影响程度。

1.碾压式土石坝料场规划原则

在确定碾压式土石坝的料场时，应注意遵循以下原则。

（1） 碾压式土石坝料场的料物物理学性质要符合碾压式土石坝坝体的用料要求，尽可能保证物料质地的统一。

（2） 料场的物料应相对集中存放，总储量要保证能满足工程项目的施工要求。

（3） 碾压式土石坝料场要保证有一定的备用料区，并保留一部分料场以供大坝合龙和抢拦洪高程时使用。

（4） 以不同的坝体部位为依据，选择不同的料场进行使用，避免不必要的坝料加工。

（5） 碾压式土石坝料场最好具有剥离层薄、便于开采的特点，并且应尽量选择获得坝料效率较高的料场。

（6） 碾压式土石坝料场应满足采集工作面开阔、料场运输距离短的要求，并且周围存在足够的废料处理场。

（7） 碾压式土石坝料场应尽量少地占用耕地或林场。

2.碾压式土石坝料场供应原则

碾压式土石坝料场的供应应当遵循以下原则。

（1） 碾压式土石坝料场的供应要满足施工项目的工程和强度需求。

（2） 碾压式土石坝料场的供应要充分利用开挖渣料，通过高料高用、低料低用等措施保证料物的使用效率。

（3） 尽量使用天然砂石料用作垫层、过滤和反滤，在附近没有天然砂石料的情况下，再选择人工料。

（4） 应尽可能避免料物的堆放，如果避免不了，就将堆料场安排在坝区上坝道路上，并要保证防洪、排水等一系列措施的跟进。

（5） 碾压式土石坝料场的供应应尽可能减少料物和弃渣的运输量，保证料场平整，防止水土流失。

3.土料开采和加工处理要求

在进行土料开采和加工处理时，要注意满足以下要求。

（1） 以土层厚度、土料物理学特征、施工项目特征等为依据，确定料场的主次并进行区分开采。

（2）碾压式土石坝料场土料的开采加工能力应能满足坝体填筑强度的需求。

（3）要时刻关注碾压式土石坝料场天然含水量的高低，一旦出现过高或过低的状况，要采用一定的具体措施加以调整。

（4）如果开采的土料物理力学特性无法满足施工设计和施工要求，那么应选择对采用人工砾质土的可能性进行分析。

（5）对施工场地、料场输送线路、表土堆存场等进行统筹规划，必要情况下还要对还耕进行规划。

4. 坝料上坝运输方式选择原则

在选择坝料上坝运输方式的过程中，要考虑运输量、开采能力、运输距离、运输费用、地形条件等多方面因素，具体来说，要遵循以下原则。

（1）坝料上坝运输方式要能满足施工项目填筑强度的需求。

（2）坝料上坝的运输在过程中不能和其他物料混掺，以免污染和降低料物的物理力学性能。

（3）各种坝料应尽量选用相同的上坝运输方式和运输设备。

（4）坝料上坝使用的临时设备应具有设施简易、便于装卸、装备工程量小的特点。

（5）坝料上坝应尽量选择中转环节少、费用较低的运输方式。

5. 施工上坝道路布置原则

施工上坝道路的布置应遵循以下原则。

（1）施工上坝道路的各路段要能满足施工项目坝料运输强度的需求，并综合考虑各路段运输总量、使用期限、运输车辆类型和气候条件等多项因素，最终确定施工上坝的道路布置。

（2）施工上坝道路要能兼顾当地地形条件，保证运输过程中不出现中断的现象。

（3）施工上坝道路要能兼顾其他施工运输，如施工期过坝运输等，尽量和永久公路相结合。

（4）在限制运输坡长的情况下，施工上坝道路的最大纵坡不能大于15%。

6. 碾压式土石坝施工机械配套原则

确定碾压式土石坝施工机械的配套方案时应遵循以下原则。

（1）确定碾压式土石坝施工机械的配套方案要能在一定程度上保证施工机械化水平的提升。

（2）各种坝面作业的机械化水平应尽可能保持一致。

（3）碾压式土石坝施工机械的设备数量应该以施工高峰时期的平均强度进行计算和

安排，并适当留有余地。

第二节 水利工程进度控制

一、 水利工程进度控制的定义

水利工程进度控制是指对水利工程建设各阶段的工作内容、工作秩序、持续时间和衔接关系，根据进度总目标和资源的优化配置原则编制计划，将该计划付诸实施。在实施的过程中要经常检查实际进度是否按计划要求进行，对出现的偏差分析原因，采取补救措施或调整、修改原计划，直到工程竣工验收交付使用。进度控制的最终目的是确保项目进度目标的实现，水利工程进度控制的总目标是建设工期。

水利工程的建设进度受许多因素的影响，项目管理者需事先对影响进度的各种因素进行调查，预测他们对进度可能产生的影响，编制可行的进度计划，指导建设项目按计划实施。然而，在计划执行过程中，必然会出现新的情况，难以按照原定的进度计划执行。这就要求项目管理者在计划的执行过程中，掌握动态控制原理，不断进行检查，将实际情况与计划安排进行对比，找出偏离计划的原因，特别是找出主要原因，然后采取相应的措施。措施的采取有两个前提：一是通过采取措施，维持原计划，使之正常实施；二是采取措施后不能维持原计划，要对进度进行调整或修正，再按新的计划实施。这样不断地计划、执行、检查、分析、调整计划的动态循环过程，就是进度控制。

二、 影响进度因素

水利工程建设项目由于实施内容多、工程量大、作业复杂、施工周期长及参与施工单位多等特点，导致影响其进度的因素有很多，主要可归为人为因素、技术因素、项目合同因素、资金因素，材料、设备与配件因素，水文、地质、气象及其他环境因素，社会因素及一些难以预料的偶然突发因素等。

三、 工程项目进度计划

工程项目进度计划可以分为进度控制计划、财务计划、组织人事计划、供应计划、劳动力使用计划、设备采购计划、施工图设计计划、机械设备使用计划、物资工程验收计划等。其中工程项目进度控制计划是编制其他计划的基础，其他计划是进度控制计划顺利实施的保证。施工进度计划是施工组织设计的重要组成部分，其规定了工程施工的顺序和速度。水利工程项目施工进度计划主要有两种：一是总进度计划，即对整个水利工程编制的计划，要求写出整个工程中各个单项工程的施工顺序和起止日期及主体工程施工前的准备工作和主体工程完工后的结尾工作的施工期限；二是单项工程进度计划，即对水利枢纽工程中主要工程项目，如大坝、水电站等组成部分进行编制的计划，写出单项工程施工的准备工作项目和施工期限，要求进一步从施工方法和技术供应等条件论证施工进度的合理性和可靠性，研究加快施工进度和降低工程成本的具体方法。

四、进度控制措施

进度控制的措施主要有组织措施、技术措施、合同措施、经济措施和信息措施。

1. 组织措施包括落实项目进度控制部门的人员、具体控制任务和职责分工；项目分解、建立编码体系；确定进度协调工作制度，包括协调会议的时间、人员等；对影响进度目标实现的干扰和风险因素进行分析。

2. 技术措施是指采用先进的施工工艺、方法等，以加快施工进度。

3. 合同措施主要包括分段发包、提前施工以及合同期与进度计划的协调等。

4. 经济措施是指保证资金供应。

5. 信息管理措施主要是通过计划进度与实际进度的动态比较，收集有关进度的信息。

第六章 施工安全管理

第一节 建筑工程安全管理概述

一、安全管理概念

安全生产是指生产过程处于避免人身伤害、设备损坏及其他不可接受的损害风险（危险）的状态。不可接受的损害风险（危险）是指：超出了法律、法规和规章的要求，超出了方针、目标和企业规定的其他要求，超出了人们普遍接受的要求。建筑工程安全生产管理是指建设行政主管部门、建筑安全监督管理机构、建筑施工企业及有关单位对建筑安全生产过程中的安全工作，进行计划、组织、指挥、控制、监督、调节和改进等一系列致力于满足生产安全的管理活动。

（一）建筑工程安全生产管理的特点

1.安全生产管理涉及面广、涉及单位多

由于建筑工程规模大，生产工艺复杂、工序多，在建造过程中流动作业多、高处作业多，作业位置多变，遇到不确定因素多，所以安全管理工作涉及范围大，控制面广。安全管理不仅是施工单位的责任，还包括建设单位、勘察设计单位、监理单位，这些单位也要为安全管理承担相应的责任和义务。

2.安全生产管理动态性

（1）由于建筑工程项目的单件性，使得每项工程所处的条件不同，所面临的危险因素和防范也会有所改变。

（2）工程项目的分散性。

施工人员在施工过程中，分散于施工现场的各个部位，当他们面对各种具体的生产问题时，一般依靠自己的经验和知识进行判断并做出决定，从而增加了施工过程中由不安全行为而导致事故的风险。

3.安全生产管理的交叉性。

建筑工程项目是开放系统，受自然环境和社会环境影响很大，安全生产管理需要把工程系统和环境系统及社会系统相结合。

4.安全生产管理的严谨性。

安全状态具有触发性，安全管理措施必须严谨，一旦失控，就会造成损失和伤害。

（二） 建筑工程安全管理的方针和原则

1.建筑工程安全生产管理的方针

"安全第一"是建筑工程安全生产管理的原则和目标，"预防为主"是实现安全第一的最重要手段。

2.建筑工程安全管理的原则

（1） "管生产必须管安全"的原则

一切从事生产、经营的单位和管理部门都必须管安全，全面开展安全工作。

（2） "安全具有否决权"的原则

安全管理工作是衡量企业经营管理工作好坏的一项基本内容，在对企业进行各项指标考核时，必须首先考虑安全指标的完成情况。安全生产指标具有一票否决的作用。

（3） 职业安全卫生"三同时"的原则

"三同时"指建筑工程项目其劳动安全卫生设施必须符合国家规范规定的标准，必须与主体工程同时设计、同时施工、同时投入生产和使用。

（三） 建筑工程安全生产管理有关法律、法规与标准、规范

1.我国的安全生产的法律制度

我国的安全生产法律体系主要以《中华人民共和国安全生产法》为基础。

2.法治是强化安全管理的重要内容。

法律是上层建筑的组成部分，为其赖以建立的经济基础服务。

3.事故处理"四不放过"的原则

（1） 事故原因分析不清不放过；

（2） 事故责任者和群众没有受到教育不放过；

（3） 没有采取防范措施不放过；

（4） 事故责任者没有受到处理不放过。

（四） 安全生产管理体制与责任制度

1.安全生产管理体制

当前我国的安全生产管理体制是企业负责、行业管理、国家监察和群众监督、劳动者

遵章守法。

2. 安全生产责任制度

安全生产责任制度是建筑生产中最基本的安全管理制度，是所有安全规章制度的核心。安全生产责任制度是指将各种不同的安全责任落实到具体安全管理的人员和具体岗位人员身上的一种制度。这一制度是"安全第一、预防为主"的具体体现，是建筑安全生产的基本制度。

（五）安全生产目标管理

安全生产目标管理就是根据建筑施工企业的总体规划要求，制订出在一定时期内安全生产方面所要达到的预期目标并组织实现此目标。其基本内容是：确定目标、目标分解、执行目标、检查总结。

（六）安全技术措施

安全技术措施是指为防止工伤事故和职业病的危害，从技术上采取的措施。在工程施工中，是指针对工程特点、环境条件、劳力组织、作业方法、施工机械、供电设施等制订的确保安全施工的措施。

安全技术措施也是建设工程项目管理实施规划或施工组织设计的重要组成部分。

（七）安全技术交底

安全技术交底是落实安全技术措施及安全管理事项的重要手段之一。重大安全技术措施及重要部位的安全技术由公司负责人向项目经理部技术负责人进行书面的安全技术交底；一般安全技术措施及施工现场应注意的安全事项由项目经理部技术负责人向施工作业班组、作业人员做出详细说明，并经双方签字认可。

（八）安全教育

安全教育是实现安全生产的一项重要基础工作，它可以提高职工搞好安全生产的自觉性、积极性和创造性，增强安全意识，掌握安全知识，提高职工的自我防护能力，使安全规章制度得到贯彻执行。安全教育培训的主要内容有：安全生产思想、安全知识、安全技能、安全操作规程标准、安全法规、劳动保护和典型事例。

（九）班组安全活动

班组安全活动是指在上班前由班组长组织并主持，根据本班目前工作内容，重点介绍安全注意事项、安全操作要点，以达到组员在班前掌握安全操作要领，提高安全防范意识，减少事故发生的活动。

（十） 特种作业

特种作业是指在劳动过程中容易发生伤亡事故，对操作者本人，尤其对他人和周围设施的安全有重大危害因素的作业。直接从事特种作业者，称特种作业人员。

（十一） 安全检查

安全检查是指建设行政主管部门、施工企业安全生产管理部门或项目经理，对施工企业和工程项目经理部贯彻国家安全生产法律及法规的情况、安全生产情况、劳动条件、事故隐患等进行的检查。

（十二） 安全事故

安全事故是人们在进行有目的的活动中，发生了违背人们意愿的不幸事件，使其有目的的活动暂时或永久的停止。重大安全事故是指在施工过程中由于责任过失造成工程倒塌或废弃、机械设备破坏和安全设施失当造成人身伤亡或者重大经济损失的事故。

（十三） 安全评价

安全评价是采用系统科学的方法，辨别和分析系统存在的危险性并根据其形成事故的风险大小，采取相应的安全措施，以达到系统安全的过程。安全评价的基本内容有：识别危险源、评价风险、采取措施，直到达到安全目标。

（十四） 安全标志

安全标志由安全色、几何图形符号构成，以此表达特定的安全信息。其目的是引起人们对不安全因素的注意，从而预防事故的发生。安全标志分为禁止标志、警告标志、指令标志、提示性标志四类。

二、 工程施工特点

建筑业的生产活动危险性大，不安全因素多，是事故多发行业。建筑施工的特点主要是：

1. 工程建设最大的特点就是产品固定

这是它不同于其他行业的根本点，建筑产品是固定的，体积大、生产周期长。建筑物一旦施工完毕就固定了，生产活动都是围绕着建筑物、构筑物来进行的，有限的场地上集中了大量的人员、建筑材料、设备零部件和施工机具等，这样的情况可以持续几个月或一年，有的甚至需要七八年，工程才能完成。

2.高处作业多，工人常年在室外操作

一栋建筑物从基础、主体结构到屋面工程、室外装修等，露天作业约占整个工程的70%。现在的建筑物一般都在7层以上，绝大部分工人都需要在十几米或几十米的高处从事露天作业。工作条件差，且受到气候条件多变的影响。

3.手工操作多，繁重的劳动消耗大量体力

建筑业是劳动密集型的传统行业之一，大多数工种需要手工操作。近几年来，墙体材料有了改革，出现了大模、滑模、大板等施工工艺，但就全国来看，绝大多数墙体仍然是使用粘土砖、水泥空心砖和小砌块砌筑。

4.现场变化大

每栋建筑物从基础、主体到装修，每道工序都不同，不安全因素也就不同，即使同一工序，由于施工工艺和施工方法不同，其生产过程也不同。而随着工程进度的推进，施工现场的施工状况和不安全因素也随之变化。为了完成施工任务，要采取很多临时性措施。

第二节 施工安全因素

一、 安全因素特点

安全是在人类生产过程中，将系统的运行状态对人类的生命、财产、环境可能产生的损害控制在人类能接受水平以下的状态。安全因素的定义就是在某一指定范围内与安全有关的因素。水利工程施工安全因素有以下特点：

（1）安全因素的确定取决于所选的分析范围，此处分析范围可以指整个工程，也可以针对具体工程的某一施工过程或者某一部分的施工，如围堰施工、升船机施工等。

（2）安全因素的辨识依赖于对施工内容的了解，对工程危险源的分析以及运作安全风险评价的人员的安全工作经验。

（3）安全因素具有针对性，并不是对于整个系统事无巨细地考虑，安全因素的选取具有一定的代表性和概括性。

（4）安全因素具有灵活性，只要能对所分析的内容具有一定的概括性、能达到系统分析的效果的，都可称为安全因素。

（5）安全因素是进行安全风险评价的关键点，是构成评价系统框架的节点。

二、 安全因素辨识过程

安全因素是进行风险评价的基础，人们在辨识出的安全因素的基础上，进行风险评价

框架的构建。在进行水利工程施工安全因素的辨识中，首先是对工程施工内容和施工危险源进行分析和了解，在危险源的认知基础上，以整个工程为分析范围，从管理、施工人员、材料、危险控制等各个方面结合以往的安全分析危险，进行安全因素的辨识。其具体过程如图6-1所示。

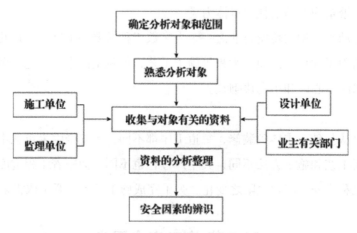

图6-1　安全因素的辨识过程

宏观安全因素辨识工作需要考虑的因素：

（一）　工程所在区域状况的考虑

1.本地区有无地震、洪水、浓雾、暴雨、雪害、龙卷风及特殊低温等自然灾害？

2.工程施工期间如发生火药爆炸、油库火灾爆炸等对邻近地区有何影响？

3.工程施工过程中如发生大范围滑坡、塌方及其他意外情况对行船、导流、行车等有无影响？

4.附近有无易燃、易爆、毒物泄漏的危险源，对本区域的影响如何？是否存在其他类型的危险源？

5.施工过程中排土是否会形成公害或对本工程及友邻工程产生不良影响？

6.公用设施如供水、供电等是否充足？重要设施有无备用电源？

7.本地区消防设备和人员是否充足？

8.本地区医院、救护车及救护人员等配置是否适当？有无现场紧急抢救措施？

（二）　安全管理情况的考虑

1.安全机构、安全人员的设置是否满足安全生产要求？

2.怎样进行安全管理的计划、组织协调、检查、控制工作？

3.对施工队伍中各类用工人员是否实行了安全一体化管理？

4.有无安全考评及奖罚方面的措施？

5. 如何进行事故处理？同类事故发生情况如何？

6. 隐患整改如何？

7. 是否制定有切实有效且操作性强的防灾计划？领导是否经常过问？关键性设备、设施是否定期进行试验、维护？

8. 整个施工过程是否制定完善的操作规程和岗位责任制？实施状况如何？

9. 程序性强的作业（如起吊作业）及关键性作业（如停送电、放炮）是否实行标准化作业？

10. 是否进行在线安全训练？职工是否掌握必备的安全抢救常识和紧急避险、互救知识？

（三）施工措施安全情况的考虑

1. 是否设置了明显的工程界限标识？

2. 有可能发生塌陷、滑坡、爆破飞石、吊物坠落等危险的场所是否标定合适的安全范围并设有警示标志或信号？

3. 友邻工程施工中在安全上相互影响的问题是如何解决的？

4. 特殊危险作业是否规定了严格的安全措施？能强制实施否？

5. 可能发生车辆伤害的路段是否设有合适的安全标志？

6. 作业场所的通道是否良好？是否有滑倒、摔伤的安全隐患？

7. 所有用电设施是否按要求接地、接零？人员可能触及的带电部位是否采取有效的保护措施？

8. 可能遭受雷击的场所是否采取了必要的防雷措施？

9. 作业场所的照明、噪声、有毒有害气体浓度是否符合安全要求？

10. 所使用的设备、设施、工具、附件、材料是否具有危险性？是否定期进行检查确认？有无检查记录？

11. 作业场所是否存在冒顶片帮或坠井、掩埋的危险性？曾经采取了何种措施？

12. 登高作业是否采取了必要的安全措施（可靠的跳板、护栏、安全带等）？

13. 防、排水设施是否符合安全要求？

14. 劳动防护用品适应作业要求的情况及发放数量、质量、更换周期是否满足要求？

（四）油库、炸药库等易燃、易爆危险品情况的考虑

1. 危险品的数量、设计最大存放量是多少？

2. 对危险品化学性质及其燃点、闪点、爆炸极限、毒性、腐蚀性等是否了解？

3. 危险品存放方式是否正确（是否根据其用途及特性分开存放）？

4. 危险品与其他设备、设施、爆破器材分放点之间是否有殉爆的可能性？

5. 存放场所的照明及电气设施的防爆、防雷、防静电情况如何？

6. 存放场所的防火设施配置消防通道是否有烟、火自动检测报警装置？

7. 存放危险品的场所是否有专人24小时值班，有无具体岗位责任制和危险品管理制度？

8. 危险品的运输、装卸、领用、加工、检验、销毁是否严格按照安全规定进行？

9. 危险品运输、管理人员是否掌握火灾、爆炸等危险状况下的避险、自救、互救的知识？是否定期进行必要的训练？

（五）起重运输大型作业机械情况的考虑

1. 运输线路里程、路面结构、平交路口、防滑措施等情况如何？

2. 指挥、信号系统情况如何？信息通道是否存在干扰？

3. 人—机系统匹配有何问题？

4. 设备检查、维护制度和执行情况如何？是否实行各层次的检查？周期多长？是否实行定期计划维修？周期多长？

5. 司机是否经过作业适应性检查？

6. 过去事故情况如何？

以上这些因素均是进行施工安全风险因素识别时需要考虑的主要因素。实际工程中需考虑的因素可能比上述因素还要多。

第三节 安全管理体系

一、安全管理体系内容

（一）建立健全安全生产责任制

安全生产责任制是安全管理的核心，是保障安全生产的重要手段，它能有效地预防事故的发生。

安全生产责任制是根据"管生产必须管安全""安全生产人人有责"的原则，明确各级领导和各职能部门及各类人员在生产活动中应负的安全职责的制度。有了安全生产责任制，就能把安全与生产从组织形式上统一起来，把"管生产必须管安全"的原则从制度上固定下来，从而增强各级管理人员的安全责任心，使安全管理纵向到底、横向到边、专管成线、群管成网、责任明确，真正把安全生产工作落到实处。

安全生产责任制的内容要分级制定和细化，如企业、项目、班组都应建立各级安全生产责任制，按其职责分工，确定各自的安全责任，并组织实施和考评，保证安全生产责任制的落实。

（二）　制定安全教育制度

安全教育制度是企业对职工进行安全法律、法规、规范、标准、安全知识和操作规程培训教育的制度，是提高职工安全意识的重要手段，是企业安全管理的一项重要内容。

安全教育制度内容应规定：定期和不定期安全教育的时间、应受教育的人员、教育的内容和形式，如新工人、外施队人员等进场前必须接受三级（公司、项目、班组）安全教育。从事危险性较大的特殊工种的人员必须经过专门的培训机构培训合格后持证上岗，每年还必须进行一次安全操作规程的训练和再教育。对采用新工艺、新设备、新技术和变换工种的人员应进行安全操作规程和安全知识的培训和教育。

（三）　制定安全检查制度

安全检查是发现隐患、消除隐患、防止事故、改善劳动条件和环境的重要措施，是企业预防安全生产事故的一项重要手段。

安全检查制度内容应规定：安全检查负责人、检查时间、检查内容和检查方式。它包括经常性的检查、专业化的检查、季节性的检查和专项性的检查，以及群众性的检查等。对于检查出的隐患应进行登记，并采取定人、定时间、定措施的"三定"办法给予解决，同时对整改情况进行复查验收，彻底消除隐患。

（四）　制定各工种安全操作规程

工种安全操作规程是消除和控制劳动过程中的不安全行为、预防伤亡事故、确保作业人员的安全和健康的必要措施，也是企业安全管理的重要制度之一。

安全操作规程的内容应根据国家和行业安全生产法律、法规、标准、规范，结合施工现场的实际情况制定。同时，根据现场使用的新工艺、新设备、新技术，制定出相应的安全操作规程，并监督其实施。

（五）　制定安全生产奖罚办法

企业制定安全生产奖罚办法的目的是不断提高劳动者进行安全生产的自觉性，调动劳动者的积极性和创造性，防止和纠正其违反法律、法规和劳动纪律的行为，这也是企业安全管理重要制度之一。

安全生产奖罚办法规定奖罚的目的、条件、种类、数额、实施程序等。企业只有建立安全生产奖罚办法，做到有奖有罚、奖罚分明，才能鼓励先进、督促落后。

（六）制定施工现场安全管理规定

施工现场安全管理规定是施工现场安全管理制度的基础，目的是规范施工现场安全防护设施的标准化、定型化。

施工现场安全管理规定的内容包括：施工现场一般安全规定、安全技术管理、脚手架工程安全管理（包括特殊脚手架、工具式脚手架等）、电梯井操作平台安全管理、马路搭设安全管理、大模板拆装存放安全管理、水平安全网、井字架龙门架安全管理、孔洞临边防护安全管理、拆除工程安全管理等。

（七）制定机械设备安全管理制度

机械设备是指目前建筑施工普遍使用的垂直运输和加工机具，由于机械设备本身存在一定的危险性，管理不当就可能造成机毁人亡，所以它是目前施工安全管理的重点对象。

机械设备安全管理制度规定，大型设备应到上级有关部门备案，符合国家和行业有关规定，还应设专人负责进行定期安全检查、保养，保证机械设备始终处于良好的状态。

（八）制定施工现场临时用电安全管理制度

施工现场临时用电是目前建筑施工现场离不开的一项操作，由于其使用广泛、危险性比较大，因此它涉及每个劳动者的安全，也是施工现场一项重要的安全管理制度。

施工现场临时用电管理制度的内容应包括：外电的防护、地下电缆的保护、设备的接地与接零保护、配电箱的设置及安全管理规定（总箱、分箱、开关箱）、现场照明、配电线路、电器装置、变配电装置、用电档案的管理等。

（九）制定劳动防护用品管理制度

使用劳动防护用品是为了减轻或避免劳动过程中劳动者受到的伤害和职业危害，保护劳动者安全健康的一项预防性辅助措施，是安全生产防止职业性伤害的需要，对于减少职业危害起着相当重要的作用。

劳动防护用品管理制度的内容应包括：安全网、安全帽、安全带、绝缘用品、防职业病用品等的管理方法与使用方法等。

二、安全管理体系建立步骤

（一）领导决策

最高管理者亲自决策，以便获得各方面的支持和在体系建立过程中所需的资源保证。

（二） 成立工作组并对人员进行培训

1. 成立工作组

最高管理者或授权管理者代表成立的工作小组负责建立安全管理体系。工作小组的成员要覆盖组织的主要职能部门，组长最好由管理者代表担任，以保证小组对人力、资金、信息的获取。

2. 人员培训

培训的目的是使有关人员了解建立安全管理体系的重要性，了解标准的主要思想和内容。

（三） 初始状态评审

初始状态评审要对组织过去和现在的安全信息、状态进行收集、调查分析、识别，从而获取现有的、适用的法律、法规和其他要求，进行危险源辨识和风险评价，评审的结果将作为制定安全方针、管理方案、编制体系文件的基础。

（四） 制定方针、目标、指标的管理方案

方针是组织对其安全行为的原则和意图的声明，也是组织自觉承担其责任和义务的承诺。方针不仅为组织确定了总的指导方向和行动准则，还是评价一切后续活动的依据，并为更加具体的目标和指标提供一个框架。

安全目标、指标的制定是组织为了实现其在安全方针中所体现出的管理理念及其对整体绩效的期许与原则，与企业的总目标相一致。

管理方案是实现目标、指标的行动方案。为保证安全管理体系的实现，需结合年度管理目标和企业客观实际情况，策划制定安全管理方案。该方案旨在明确实现目标、指标的相关部门的职责、方法、时间表以及资源的要求。

第四节 施工安全控制

一、 安全操作要求

（一） 爆破作业

1. 爆破器材的运输

气温低于10℃运输易冻的硝化甘油炸药时，应采取防冻措施；气温低于-15℃运输硝化甘油炸药时，也应采取防冻措施；禁止用翻斗车、自卸汽车、拖车、机动三轮车、人力

三轮车、摩托车和自行车等运输爆破器材时；运输炸药雷管时，装车高度要低于车厢10cm。车厢、船底应加软垫。雷管箱不许倒放或立放，层间也应垫软垫；水路运输爆破器材时，停泊地点距岸上建筑物不得小于250m；汽车运输爆破器材，汽车的排气管宜设在车前下侧，并应设置防火罩装置；汽车在视线良好的情况下行驶时，时速不得超过20km（工区内不得超过15km）；在弯多坡陡、路面狭窄的山区行驶时，时速应保持在5km以内。平坦道路行车间距应大于50m，上下坡应大于300m。

2. 爆破

明挖爆破音响应依次发出预告信号（现场停止作业，人员迅速撤离）、准备信号、起爆信号、解除信号。检查人员确认安全后，由爆破作业负责人通知警报室发出解除信号。在特殊情况下，如准备工作尚未结束，应由爆破负责人通知警报室延后发布起爆信号，并用广播器通知现场全体人员。装药和堵塞应使用木、竹制作的炮棍，严禁使用金属棍棒装填。

深孔、竖井、倾角大于30°的斜井和有瓦斯及粉尘爆炸危险等工作面的爆破，禁止采用火花起爆；炮孔的排距较密时，导火索的外露部分不得超过1m，以防止导火索互相交错而起火；一人连续单个点火的火炮，暗挖不得超过5个，明挖不得超过10个；并应在爆破负责人指挥下，做好分工及撤离工作；当信号炮响后，全部人员应立即撤出炮区，迅速到安全地点掩蔽；点燃导火索应使用专用点火工具，禁止使用火柴和打火机等。

用于同一爆破网路内的电雷管，电阻值应相同。网路中的支线、区域线和母线彼此连接之前各自的两端应绝缘；装炮前工作面一切电源应切除，照明至少设于距工作面30m以外，只有确认炮区无漏电、感应电后，才可装炮；雷雨天严禁采用电爆网路；供给每个电雷管的实际电流应大于准爆电流，网路中全部导线应绝缘；有水时导线应架空；各接头应用绝缘胶布包好，两条线的搭接口至少应错开0.1m，禁止重叠；测量电阻只许使用经过检查的专用爆破测试仪表或线路电桥，严禁使用其他电气仪表进行量测；通电后若发生拒爆，应立即切断母线电源，将母线两端拧在一起，锁上电源开关箱进行检查，进行检查的时间：对于即发电雷管，至少在10min以后；对于延发电雷管，至少在15min以后。

导爆索只准用快刀切割，不得用剪刀剪断；支线要顺主线传爆方向连接，搭接长度不应少于15cm，支线与主线传爆方向的夹角应不大于90°；起爆导爆索的雷管，其聚能穴应朝向导爆索的传爆方向；导爆索交叉敷设时，应在两根交叉爆索之间设置厚度不小于10cm的木质垫板；连接导爆索中间不应出现断裂破皮、打结或打圈现象。

用导爆管起爆时，应设计起爆网路，并进行传爆试验；网路中所使用的连接元件应经过检验并合格；禁止导爆管打结，禁止将其在药包上缠绕；网路的连接处应牢固，两元件应相距2m；敷设后应严加保护，防止冲击或损坏；一个8号雷管起爆导爆管的数量不宜超过40根，层数不宜超过3层，只有确认网路连接正确，与爆破无关人员已经撤离，才准许接入引爆装置。

（二）起重作业

钢丝绳的安全系数应符合有关规定。根据起重机的额定负荷，计算好每台起重机的吊点位置，最好采用平衡梁抬吊；每台起重机所分配的荷重不得超过其额定负荷的75%~80%；应有专人统一指挥，指挥者应站在两台起重机司机都能看到的位置；重物应保持水平，钢丝绳应保持铅直受力均衡；具备有关部门批准的安全技术措施；起吊重物离地面10cm时，应停机检查绳扣、吊具和吊车的刹车可靠性，仔细观察周围有无障碍物。以上全部确认无问题后，方可继续起吊。

（三）脚手架拆除作业

拆脚手架前，必须将电气设备和其他管、线、机械设备等拆除或加以保护。拆脚手架时，应统一指挥，按顺序自上而下进行；严禁上下层同时拆除或自下而上进行。拆下的材料，禁止往下抛掷，应用绳索捆牢，用滑车、卷扬机等工具将其慢慢放下来，并集中堆放在指定地点。拆脚手架时，严禁采用将整个脚手架推倒的方法进行拆除。三级、特级及悬空高处作业使用的脚手架拆除时，必须事先制定安全可靠的措施。拆除脚手架的区域内，无关人员禁止逗留和通过，在交通要道应设专人警戒。架子搭成后，未经有关人员同意，不得任意改变脚手架的结构。

（四）常用安全工具

安全帽、安全带、安全网等施工生产使用的安全防护用具，应符合国家规定的质量标准，具有厂家安全生产许可证、产品合格证和安全鉴定合格证书，否则不得采购、发放和使用。常用安全防护用具应经常检查和定期试验，其检查试验的要求和周期如表6—1所示。高处临空作业应按规定架设安全网，作业人员使用的安全带，应挂在牢固的物体上或可靠的安全绳上，安全带严禁低挂高用。挂安全带用的安全绳，不宜超过3m。在有毒有害气体可能泄漏的作业场所，应配置必要的防毒护具，以备急用，并及时检查维修更换，保证其处在良好待用状态。电气操作人员应根据工作条件选用适当的安全电工用具和防护用品，电工用具应符合安全技术标准并定期检查，凡不符合技术标准要求的绝缘安全用具、登高作业安全工具、携带式电压和电流指示器以及检修中的临时接地线等，均不得使用。

表6—1 常用安全用具的检验标准与试验周期表

名称	检查与试验质量标准要求	检查试验周期
塑料安全帽	1.外表完整、光滑； 2.帽内缓冲带、相带齐全无损； 3.耐40~120℃高温不变形； 4.耐水、油、化学腐蚀性良好； 5.可抗3kg的钢球从5m高处垂直坠落的冲击力	一年一次
安全带	检查： 1.绳索无脆裂、断脱现象； 2.安全带各部接口完整、牢固，无露朽和虫蛀现象； 3.销口性能良好 试验： 1.静荷载：使用255t重物悬吊5min无损伤； 2.动荷载：将重量为120t的重物从2~2.8m高架上冲击安全带，各部件无损伤	1.每次使用前均应检查； 2.新带使用一年后抽样试验； 3.旧带每隔6个月抽查试验一次
安全网	1.绳芯结构和网筋边绳结构符合要求； 2.两件各120kg的重物同时由4.5m高处坠落冲击完好无损	每年一次，每次使用前进行外表检查

二、安全控制要点

(一) 一般脚手架安全控制要点

1.脚手架搭设之前应根据工程的特点和施工工艺要求确定搭设（包括拆除）施工方案。

2.脚手架必须设置纵、横向扫地杆。

3.高度在24m以下的单、双排脚手架均必须在外侧立面的两端各设置一道剪刀撑并由底至顶连续设置中间各道剪刀撑。剪刀撑及横向斜撑搭设应随立杆、纵向和横向水平杆等同步搭设，各底层斜杆下端必须支承在垫块或垫板上。

4.高度在24m以下的单、双排脚手架宜采用刚性连墙件与建筑物可靠连接，亦可采用拉筋和顶撑配合使用的附墙连接方式，严禁使用仅有拉筋的柔性连墙件。24m以上的双排脚手架必须采用刚性连墙件与建筑物可靠连接，连墙件必须采用可承受拉力和压力的构造。50m以下（含50m）脚手架连墙件，应按"三步三跨"[①]进行布置，50m以上的脚手架连墙件应按"二步三跨"进行布置。

(二) 一般脚手架检查与验收程序

脚手架的检查与验收应由项目经理组织项目施工、技术、安全、作业班组负责人等有关人员参加，按照技术规范、施工方案、技术交底等有关技术文件对脚手架进行分段验

---

①三步三跨：水平方向沿着脚手架长方向立杆之间的距离称为"跨"，脚手架上下的"层数"称为"步"。

收，在确认符合要求后方可投入使用。

脚手架及其地基基础应在下列阶段进行检查和验收：

1. 基础完工后及脚手架搭设前。

2. 作业层上施加荷载前。

3. 每搭设完 10～13m 高度后。

4. 达到设计高度后。

5. 遇有六级及以上大风与大雨后。

6. 寒冷地区土层开冻后。

7. 停用超过一个月的，在重新投入使用之前。

（三） 附着式升降脚手架安全控制要点

附着式升降脚手架（整体提升脚手架或爬架）作业要针对提升工艺和施工现场作业条件编制专项施工方案，专项施工方案包括设计、施工、检查、维护和管理等全部内容。

安装搭设必须严格按照设计要求和规定程序进行，安装后经验收并进行荷载试验，确认符合设计要求后，方可正式使用。

进行提升和下降作业时，架上人员和材料的数量不得超过设计规定并尽可能减少。

升降前必须仔细检查附着连接和提升设备的状态是否良好，发现异常应及时查找原因并采取措施解决。

升降作业应统一指挥、协调动作。在安装、升降、拆除作业时，应划定安全警戒范围并安排专人进行监护。

（四） 洞口、临边防护控制

1. 洞口作业安全防护基本规定

（1） 各种楼板与墙的洞口按其大小和性质应分别设置牢固的盖板、防护栏杆、安全网或其他防坠落的防护设施。

（2） 坑槽、桩孔的上口柱形、条形等基础的上口以及天窗等处都要作为洞口采取符合规范的防护措施。

（3） 楼梯口、楼梯口边应设置防护栏杆或者用正式工程的楼梯扶手代替临时防护栏杆。

（4） 井口除设置固定的栅门外还应在电梯井内每隔两层不大于10m处设一道安全平网进行防护。

（5） 在建设工程的地面入口处和施工现场人员流动密集的通道上方应设置防护棚，防止因落物造成物体打击事故。

（6）施工现场大的坑槽、陡坡等处除需设置防护设施与安全警示标牌外，夜间还应设红灯示警。

2. 洞口的防护设施要求

（1）楼板、屋面和平台等面上短边尺寸小于25cm但大于2.5cm的孔口必须用坚实的盖板盖严，盖板要有防止挪动移位的固定措施。

（2）楼板面等处边长为25~50cm的洞口、安装预制构件时的洞口以及因缺件临时形成的洞口可用竹、木等做盖板盖住洞口，盖板要保持四周搁置均衡并有固定其位置不发生挪动的措施。

（3）边长为50~150cm的洞口必须设置一层以扣件连接钢管而成的网格栅，并在其上铺满竹篱笆或脚手板，也可采用贯穿于混凝土板内的钢筋构成防护网栅、钢盘网格，间距不得大于20cm。

（4）边长在150cm以上的洞口四周必须设防护栏杆，洞口下方设安全平网防护。

3. 施工用电安全控制

（1）施工现场临时用电设备在5台及以上或设备总容量在50kW及以上者应编制用电组织设计。临时用电设备在5台以下和设备总容量在50kW以下者应制定安全用电和电气防火措施。

（2）变压器中性点直接接地的低压电网临时用电工程必须采用TN-S接零保护系统。

（3）当施工现场与外线路共用同一供电系统时，电气设备的接地、接零保护应与原系统保持一致，不能一部分设备做保护接零，另一部分设备做保护接地。

（4）配电箱的设置。

① 施工用电配电系统应设置总配电箱配电柜、分配电箱、开关箱，并按照"总—分—开"顺序作分级设置形成"三级配电"模式。

② 施工用电配电系统各配电箱、开关箱的安装位置要合理。总配电箱配电柜要尽量靠近变压器或外电源处以便于电源的引入。分配电箱应尽量安装在用电设备或负荷相对集中区域的中心地带，确保三相负荷保持平衡。开关箱安装的位置应视现场情况和工况尽量靠近其控制的用电设备。

③ 为保证临时用电配电系统三相负荷平衡施工现场的动力用电和照明用电，应形成两个用电回路，动力配电箱与照明配电箱应该分别设置。

④ 施工现场所有用电设备必须有各自专用的开关箱。

⑤ 各级配电箱的箱体和内部设置必须符合安全规定，开关电器应标明用途，箱体应统一编号。停止使用的配电箱应切断电源，箱门上锁。固定式配电箱应设围栏并有防雨防砸措施。

（5）电器装置的选择与装配。在开关箱中作为末级保护的漏电保护器，其额定漏电动作电流不应大于30mA，额定漏电动作时间不应大于0.1s。在潮湿、有腐蚀性介质的场所中，漏电保护器要选用防溅型的产品，其额定漏电动作电流不应大于15mA，额定漏电动作时间不应大于0.1s。

（6）施工现场照明用电。

① 在坑、洞、井内作业，夜间施工或厂房、道路、仓库、办公室、食堂、宿舍、料具堆放场所及自然采光差的场所应设一般照明、局部照明或混合照明。一般场所宜选用额定电压220V的照明器。

② 隧道、人防工程、高温、有导电灰尘、比较潮湿或灯具离地面高度低于2.5m等场所的照明电源电压不得大于36V。

③ 潮湿和易触及带电体场所的照明电源电压不得大于24V。

④ 特别潮湿场所、导电良好的地面、锅炉或金属容器内的照明电源电压不得大于12V。

⑤ 照明变压器必须使用双绕组型安全隔离变压器，严禁使用自耦变压器。

⑥ 室外220V灯具距地面不得低于3m，室内220V灯具距地面不得低于2.5m。

4. 垂直运输机械安全控制

（1）外用电梯安全控制要点。外用电梯在安装和拆卸之前必须针对其类型特点说明书的技术要求，结合施工现场的实际情况制订详细的施工方案。

（2）外用电梯的安装和拆卸作业必须由取得相应资质的专业队伍进行安装，经验收合格取得政府相关主管部门核发的《准用证》后方可投入使用。

（3）外用电梯在大雨、大雾和六级及六级以上大风天气时应停止使用。暴风雨过后应组织对电梯各有关安全装置进行一次全面检查。

5. 塔式起重机安全控制要点

（1）塔吊在安装和拆卸之前必须针对类型特点说明书的技术要求结合作业条件制订详细的施工方案。

（2）塔吊的安装和拆卸作业必须由取得相应资质的专业队伍进行安装，经验收合格取得政府相关主管部门核发的《准用证》后方可投入使用。

（3）遇六级及六级以上大风等恶劣天气应停止作业并将吊钩升起。行走式塔吊要夹好轨钳。当风力达十级以上时应在塔身结构上设置缆风绳或采取其他措施加以固定。

第五节 安全应急预案

应急预案，又称"应急计划"或"应急救援预案"，是针对可能发生的事故，为迅速、有序地开展应急行动、降低人员伤亡和经济损失而预先制定的有关计划或方案。它是在辨识和评估潜在重大危险、事故类型、发生的可能性、发生的过程、事故后果及影响严重程度的基础上，对应急机构职责、人员、技术、装备、设施、物资、救援行动及其指挥与协调方面预先做出的具体安排。应急预案明确在事故发生前、事故过程中以及事故发生后，谁负责做什么、何时做、怎么做，以及相应的策略和资源准备等。

一、事故应急预案

为控制重大事故的发生，防止事故蔓延，有效地组织抢险和救援，政府和生产经营单位应对已初步认定的危险场所和部位进行风险分析。对认定的危险有害因素和重大危险源，应事先对事故后果进行模拟分析，预测重大事故发生后的状态、人员伤亡情况及设备破坏和损失程度，以及由于物料的泄漏可能引起的火灾、爆炸，有毒有害物质扩散对单位可能造成的影响。

依据预测，提前制定重大事故应急预案，组织、培训事故应急救援队伍，配备事故应急救援器材，以便在重大事故发生后，能及时按照预定方案进行救援，在最短时间内使事故得到有效控制。编制事故应急预案主要目的有以下两个方面：

1.采取预防措施使事故控制在局部，消除蔓延条件，防止突发性重大或连锁事故发生。

2.能在事故发生后迅速控制和处理事故，尽可能减轻事故对人员及财产的影响，保障人员生命和财产安全。

事故应急预案是事故应急救援体系的主要组成部分，是事故应急救援工作的核心内容之一，是及时、有序、有效地开展事故应急救援工作的重要保障。事故应急预案的作用体现在以下几个方面：

1.事故应急预案确定了事故应急救援的范围和体系，使事故应急救援不再无据可依、无章可循，尤其是通过培训和演练，可以使应急人员熟悉自己的任务，具备完成指定任务所需的相应能力，并检验预案和行动程序，评估应急人员的整体协调性。

2.事故应急预案的制定有利于做出及时的应急响应，降低事故后果。应急行动对时间要求十分敏感，不允许有任何拖延。事故应急预案预先明确了应急各方的职责和响应程序，在应急救援等方面进行了先期准备，可以指导事故应急救援迅速、高效、有序地开展，将事故造成的人员伤亡、财产损失和环境破坏降到最低限度。

3.事故应急预案是各类突发事故的应急基础。通过编制事故应急预案，可以对那些事先无法预料的突发事故起到基本的应急指导作用，成为开展事故应急救援的"底线"。在此基础上，可以针对特定事故类别编制专项事故应急预案，并有针对性地制定应急措施、进行专项应对准备和演习。

4.事故应急预案建立了与上级单位和部门事故应急救援体系的衔接。通过编制事故应急预案可以确保当发生超过本级应急能力的重大事故时与有关应急机构的联系和协调。

5.事故应急预案有利于提高风险防范意识。事故应急预案的编制、评审、发布、宣传、推演、教育和培训，有利于各方了解可能面临的重大事故及其相应的应急措施，有利于促进各方提高风险防范意识和能力。

二、 应急预案的编制

事故应急预案的编制过程可分如下为4个步骤。

1.成立事故预案编制小组

应急预案的成功编制需要有关职能部门和团体的积极参与，并达成一致意见，尤其是应寻求与危险直接相关的各方进行合作。成立事故应急预案编制小组是将各有关职能部门、各类专业技术有效结合起来的最佳方式，可有效地保证应急预案的准确性、完整性和实用性，而且为应急各方提供了一个非常重要的协作与交流机会，有利于统一应急各方的不同观点和意见。

2.危险分析和应急能力评估

为了准确策划事故应急预案的编制目标和内容，应开展危险分析和应急能力评估工作。为有效开展此项工作，预案编制小组首先应进行初步的资料收集，包括相关法律法规、应急预案、技术标准、国内外同行业事故案例分析、本单位技术资料、重大危险源等。

（1）危险分析。危险分析是应急预案编制的基础和关键过程。在危险因素辨识分析、评价及事故隐患排查、治理的基础上，确定本区域或本单位可能发生事故的危险源、事故的类型、影响范围和后果等，并指出事故可能产生的次生、衍生事故，形成分析报告，分析结果作为应急预案的编制依据。危险分析主要内容为危险源的分析和危险度评估。危险源的分析主要包括有毒、有害、易燃、易爆物质的企事业单位的名称、地点、种类、数量、分布、产量、储存、危险度、以往事故发生情况和发生事故的诱发因素等。事故源潜在危险度的评估就是在对危险源进行全面调查的基础上，对企业单位的事故潜在危险度进行全面的科学评估，为确定目标单位危险度的等级找出科学的数据依据。

（2）应急能力评估。应急能力评估就是依据危险分析的结果，对应急资源的准备状况、充分性和从事应急救援活动所具备的能力的评估，以明确应急救援的需求和不足，为事故应急预案的编制奠定基础。应急能力包括应急资源（应急人员、应急设施、装备和物资）及应急人员的技术、经验和接受的培训等，它将直接影响应急行动的快速、有效性。制定应急预案时应当在评估与潜在危险相适应的应急能力的基础上，选择最现实、最有效的应急策略。

3.应急预案编制

针对可能发生的事故，结合危险分析和应急能力评估结果等信息，按照应急预案的相关法律法规的要求编制应急救援预案。应急预案编制过程中，应注意编制人员的参与和培训，充分发挥他们各自的专业优势，使他们掌握危险分析和应急能力评估结果，明确应急预案的框架、应急过程行动重点以及应急衔接、联系要点等。同时，编制的应急预案应充分利用社会应急资源，考虑与政府应急预案、上级主管单位以及相关部门的应急预案相衔接。

4.应急预案的评审和发布

（1）应急预案的评审。为使预案切实可行、科学合理以及与实际情况相符，尤其是重点目标下的具体行动预案，编制前后需要组织有关部门、单位的专家、领导到现场进行实地勘察，如重点目标周围地形、环境、指挥所位置、分队行动路线、展开位置、人口疏散道路及流散地域等实地勘察、实地确定。经过实地勘察修改预案后，应急预案编制单位或管理部门还要依据我国有关应急的方针、政策、法律、法规、规章、标准和其他有关应急预案编制的指南性文件与评审检查表，组织有关部门、单位的领导和专家进行评议，取得政府有关部门和应急机构的认可。

（2）应急预案的发布。事故应急救援预案经评审通过后，应由最高行政负责人签署发布，并报送有关部门和应急机构备案。预案经批准发布后，应组织落实预案中的各项工作，如开展应急预案宣传、教育和培训，落实应急资源并定期检查，组织开展应急演习和训练，建立电子化的应急预案，对应急预案实施动态管理与更新，并不断完善。

三、应急预案的内容

根据《生产经营单位生产安全事故应急预案编制导则》（GB/T 29639-2020），应急预案可分为综合应急预案、专项应急预案和现场处置方案3个层次。

综合应急预案是应急预案体系的总纲，主要从总体上阐述事故的应急工作原则，包括应急组织机构及职责、应急预案体系、事故风险描述、预警及信息报告、应急响应、保障措施、应急预案管理等内容。

专项应急预案是为应对某一类型或某几种类型事故，或者针对重要生产设施、重大危险源、重大活动等内容而制定的应急预案。专项应急预案主要包括事故风险分析、应急指挥机构及职责、处置程序和措施等内容。

现场处置方案是根据不同事故类别，针对具体的场所、装置或设施所制定的应急处置措施，主要包括事故风险分析、应急工作职责、应急处置和注意事项等内容。水利工程建设参建各方应根据风险评估、岗位操作规程以及危险性控制措施，组织本单位现场作业人员及相关专业人员共同编制现场处置方案。

应急预案应形成体系，针对各级各类可能发生的事故和所有危险源制定专项应急预案和现场处置方案，并明确事前、事发、事中、事后各个过程中相关单位、部门和有关人员的职责。水利工程建设项目应根据现场情况，详细分析现场具体风险（如某处易发生滑坡事故），编制现场处置方案，该方案主要由施工企业编制，监理单位审核，项目法人备案；分析工程现场的风险类型（如人身伤亡），编写专项应急预案，该预案由监理单位与项目法人起草，相关领导审核，向各施工企业发布；综合分析现场风险，应急行动、措施和保障等基本要求和程序，编写综合应急预案，该预案由项目法人编写，项目法人领导审批，向监理单位、施工企业发布。

由于综合应急预案是综述性文件，因此需要的要素全面。而专项应急预案和现场处置方案要素重点在于制定具体救援措施，因此对于单位概况等基本要素不做内容要求。

综合应急预案、专项应急预案和现场处置方案主要内容分别见表6-2~表6-4。

表6-2 综合应急预案主要内容

目录	具体内容
总则	编制目的、编制依据、适用范围、应急预案体系、应急工作原则
事故风险描述	
应急组织机构及职责	应急组织机构、应急组织机构职责
预警及信息报告	预警、信息报告
应急响应	响应分级、响应程序、处置措施、应急结束
信息公开	
后期处置	
保障措施	通信与信息保障、应急队伍保障、物资装备保障、其他保障
应急预案管理	应急预案培训、应急预案演练、应急预案修订、应急预案备案、应急预案实施

表6-3 专项应急预案主要内容

目录	具体内容
事故风险分析	
应急指挥机构及职责	应急指挥机构、应急指挥机构职责
处置程序	信息报告、应急响应程序
处置措施	

表6-4　现场处置方案主要内容

目录	具体内容
事故风险分析	
应急工作职责	
应急处置	事故应急处置程序、现场应急处置措施、事故报告
注意事项	

四、应急预案的编制步骤

应急预案的编制应参照《生产经营单位生产安全事故应急预案编制导则》(GB/T29639-2020)，预案的编制过程大致可分为六个步骤。

(一) 成立预案编制工作组

水利工程建设参建各方应结合本单位实际情况，成立以主要负责人为组长的应急预案编制工作组，明确编制任务、职责分工，制定工作计划，组织开展应急预案编制工作。应急预案编制需要安全、工程技术、组织管理、医疗急救等各方面的知识，因此应急预案编制工作组是由各方面的专业人员或专家、预案制定和实施过程中所涉及或受影响的部门负责人及具体执行人员组成。必要时，编制工作组也可以邀请地方政府相关部门、水行政主管部门或流域管理机构代表作为成员。

(二) 收集相关资料

收集应急预案编制所需的各种资料是一项非常重要的基础工作。掌握相关资料的多少、资料内容的详细程度和资料的可靠性将直接关系到应急预案编制工作能否顺利进行，以及能否编制出质量较高的事故应急预案。

需要收集的资料一般包括：

1. 适用的法律、法规和标准。

2. 本水利工程建设项目与国内外同类工程建设项目的事故资料及事故案例分析。

3. 施工区域布局，工艺流程布置，主要装置、设备、设施布置，施工区域主要建(构)筑物布置等。

4. 原材料、中间体、中间和最终产品的理化性质及危险特性。

5. 施工区域周边情况及地理、地质、水文、环境、自然灾害、气象资料。

6. 事故应急所需的各种资源情况。

7. 同类工程建设项目的应急预案。

8. 政府的相关应急预案。

9. 其他相关资料。

（三）风险评估

风险评估是编制应急预案的关键，所有应急预案都建立在风险分析基础之上。在危险因素分析、危险源辨识及事故隐患排查、治理的基础上，确定本水利工程建设项目的危险源、可能发生的事故类型和后果，对其进行事故风险分析，并指出事故可能产生的次生、衍生事故及后果，形成分析报告，分析结果将作为事故应急预案的编制依据。

（四）应急能力评估

应急能力评估就是依据危险分析的结果，对应急资源准备状况的充分性和从事应急救援活动所具备的能力评估，以明确应急救援的需求和不足，为应急预案的编制奠定基础。水利工程建设项目应针对可能发生的事故及事故抢险的需要，实事求是地评估本工程的应急装备、应急队伍等应急能力。对于事故应急所需但本工程尚不具备的应急能力，应采取切实有效的措施予在弥补。

事故应急能力一般包括：

1. 应急人力资源（各级指挥员、应急队伍、应急专家等）。

2. 应急通信与信息能力。

3. 人员防护设备（呼吸器、防毒面具、防酸服、便携式一氧化碳报警器等）。

4. 消灭或控制事故发展的设备（消防器材等）。

5. 防止污染的设备、材料（中和剂等）。

6. 检测、监测设备。

7. 医疗救护机构与救护设备。

8. 应急运输与治安能力。

9. 其他应急能力。

（五）应急预案编制

在以上工作的基础上，针对本水利工程建设项目可能发生的事故，按照有关规定和要求，充分借鉴国内外同行业事故应急工作经验，编制应急预案。应急预案编制过程中，应注重编制人员的参与和培训，充分发挥他们各自的专业优势，告知其风险评估和应急能力评估结果，明确应急预案的框架、应急过程行动重点以及应急衔接、联系要点等。同时，应急预案应充分考虑和利用社会应急资源，并与地方政府、流域管理机构、水行政主管部门以及相关部门的应急预案相衔接。

（六）应急预案评审

《生产经营单位生产安全事故应急预案编制导则》（GB/T 29639-2020）、《生产安全事故应急预案管理办法》（国家安监总局令第17号）等提出了对应急预案评审的要求，即应急预案编制完成后，应进行评审或者论证。内部评审由本单位主要负责人组织有关部门和人员进行；外部评审由本单位组织外部有关专家进行，并可邀请地方政府有关部门、水行政主管部门或流域管理机构有关人员参加。应急评审合格后，由本单位主要负责人签署发布，并按规定报有关部门备案。

水利工程建设项目应参照《生产经营单位生产安全事故应急预案评审指南（试行）》（安监总厅应急[2009]73号）组织对应急预案进行评审。该指南给出了评审方法、评审程序和评审要点，附有应急预案形式评审表、综合应急预案要素评审表、专项应急预案要素评审表、现场处置方案要素评审表和应急预案附件要素评审表五个附件。

1. 评审方法

应急预案评审分为形式评审和要素评审，评审可采取符合、基本符合、不符合三种方式简单判定。对于基本符合和不符合的项目，应提出指导性意见或建议。

（1）形式评审。依据有关规定和要求，对应急预案的层次结构、内容格式、语言文字和制定过程等内容进行审查。形式评审的重点是应急预案的规范性和可读性。

（2）要素评审。依据有关规定和标准，从符合性、适用性、针对性、完整性、科学性、规范性和衔接性等方面对应急预案进行评审。要素评审包括关键要素和一般要素。为细化评审，可采用列表方式分别对应急预案的要素进行评审。评审应急预案时，将应急预案的要素内容与表中的评审内容及要求进行对应分析，判断是否符合表中要求，从而发现存在的问题和不足。

关键要素指应急预案构成要素中必须规范的内容。这些要素内容涉及水利工程建设项目参建各方日常应急管理及应急救援时的关键环节，如应急预案中的危险源与风险分析、组织机构及职责、信息报告与处置、应急响应程序与处置技术等要素。

一般要素指应急预案构成要素中简写或可省略的内容。这些要素内容不涉及参建各方日常应急管理及应急救援时的关键环节，而是预案构成的基本要素，如应急预案中的编制目的、编制依据、适用范围、工作原则、单位概况等要素。

2. 评审程序

应急预案编制完成后，应在广泛征求意见的基础上，采取会议评审的方式进行审查，会议审查规模和参加人员根据应急预案涉及范围和重要程度确定。

（1）评审准备。应急预案评审应做好下列准备工作：

① 成立应急预案评审组，明确参加评审的单位或人员。

② 通知参加评审的单位或人员具体评审时间。

③ 将被评审的应急预案在评审前发送给参加评审的单位或人员。

（2）会议评审。会议评审可按照下列程序进行：

① 介绍应急预案评审人员构成，推选会议评审组组长。

② 应急预案编制单位或部门向评审人员介绍应急预案编制或修订情况。

③ 评审人员对应急预案进行讨论，提出修改和建设性意见。

④ 应急预案评审组根据会议讨论情况，提出会议评审意见。

⑤ 讨论通过会议评审意见，参加会议评审人员签字。

（3）意见处理。评审组组长负责对各位评审人员的意见进行协调和归纳，综合提出预案评审的结论性意见。按照评审意见，对应急预案存在的问题以及不合格项进行分析研究，并对应急预案进行修订和完善。反馈意见要求重新审查的，应按照要求重新组织审查。

3. 评审要点

应急预案评审应包括下列内容：

（1）符合性：应急预案的内容是否符合有关法规、标准和规范的要求。

（2）适用性：应急预案的内容及要求是否符合单位实际情况。

（3）完整性：应急预案的要素是否符合评审表规定的要素。

（4）针对性：应急预案是否针对可能发生的事故类别、重大危险源、重点岗位部位。

（5）科学性：应急预案的组织体系、预防预警、信息报送、响应程序和处置方案是否合理。

（6）规范性：应急预案的层次结构、内容格式、语言文字等是否简洁明了，便于阅读和理解。

（7）衔接性：综合应急预案、专项应急预案、现场处置方案以及其他部门或单位预案是否衔接。

六、 应急预案管理

（一） 应急预案备案

依照《生产安全事故应急预案管理办法》（国家安监总局令第17号），对已报批准的应急预案备案。

中央管理的企业综合应急预案和专项应急预案，报国务院国有资产监督管理部门、国务院安全生产监督管理部门和国务院有关主管部门备案；其所属单位的应急预案分别抄送所在地的省、自治区、直辖市或者所设区的市人民政府安全生产监督管理部门和有关主管部门备案。

水利工程建设项目参建各方申请应急预案备案，应当提交下列材料：

（1）应急预案备案申请表。

（2）应急预案评审或者论证意见。

（3）应急预案文本及电子文档。

受理备案登记的安全生产监督管理部门及有关主管部门应当对应急预案进行形式审查，经审查符合要求的，予以备案并出具应急预案备案登记表；不符合要求的，不予备案并说明理由。

（二）应急预案宣传与培训

应急预案宣传与培训工作是保证预案贯彻实施的重要手段，是增强参建人员应急意识、提高事故防范能力的重要途径。

水利工程建设参建各方应采取不同方式开展安全生产应急管理知识和应急预案的宣传和培训工作。对本单位负责应急管理工作的人员以及专职或兼职应急救援人员进行相应知识和专业技能培训，同时加强对安全生产关键责任岗位员工的应急培训，使其掌握生产安全事故的紧急处置方法，增强自救互救和第一时间处置事故的能力。在此基础上，确保所有从业人员具备基本的应急技能，熟悉本单位应急预案，掌握本岗位事故防范与处置措施和应急处置程序，提高应急水平。

（三）应急预案演练

应急预案演练是应急准备的一个重要环节。通过演练，可以检验应急预案的可行性和应急反应的准备情况；通过演练，可以发现应急预案存在的问题，完善应急工作机制，提高应急反应能力；通过演练，可以锻炼队伍，提高应急队伍的作战能力，熟悉操作技能；通过演练，可以教育参建人员，增强其危机意识，提高安全生产工作的自觉性。为此，预案管理和相关规章中都应有对应急预案演练的要求。

（四）应急预案修订与更新

应急预案必须与工程规模、机构设置、人员安排、危险等级、管理效率及应急资源等状况相一致。随着时间推移，应急预案中包含的信息可能会发生变化。因此，为了不断完善和改进应急预案并保持预案的时效性，水利工程建设参建各方应根据本单位实际情况，及时更新和修订应急预案。

应就下列情况对应急预案进行定期和不定期的修改或修订：

1. 日常应急管理中发现预案的缺陷。

2. 训练或演练过程中发现预案的缺陷。

3.实际应急过程中发现预案的缺陷。

4.组织机构发生变化。

5.原材料、生产工艺的危险性发生变化。

6.施工区域范围的变化。

7.布局、消防设施等发生变化。

8.人员及通信方式发生变化。

9.有关法律法规标准发生变化。

10.其他情况。

应急预案修订前，应组织对应急预案进行评估，以确定是否需要进行修订以及哪些内容需要修订。通过对应急预案更新与修订，可以保证应急预案的持续适应性。同时，更新的应急预案内容应通过有关负责人认可，并及时通告相关单位、部门和人员；修订的预案版本应经过相应的审批程序，并及时发布和备案。

第六节 安全事故处理

水利工程施工安全是指在施工过程中，工程组织方应该采取必要的安全措施和手段来保证施工人员的生命和健康安全，降低安全事故的发生概率。

一、 工伤事故概述

（一） 工伤事故的概念

工伤事故就是企业员工在为公司或工厂进行施工建设中因为某种原因造成的工伤亡事故。对于工伤事故，我国国务院早就做出过规定，《工人职员伤亡事故报告规程》指出："企业对于工人职员在生产区域中所发生的和生产有关的伤亡事故（包括急性中毒）必须按规定进行调查、登记统计和报告"。从目前的情况来看，除了施工单位的员工以外，工伤事故的发生群体还包括民工、临时工和参加生产劳动的学生、教师、干部等。

（二） 工伤事故的分类

一般来说，工伤事故的分类都是根据受伤害者受到的伤害程度进行划分的。

1.轻伤

轻伤是员工受到伤害程度最低的一种工伤事故，按照相关法律的规定，员工如果受到轻伤而造成歇工1个工作日，或1个工作日以上105个工作日以下的就应视为轻伤事故。

2. 重伤事故

重伤事故的情况分为很多种，一般来说凡是有下列情况之一者，都属于重伤事故。

（1）经医生诊断成为残废或可能成为残废的。

（2）伤势严重，需要进行较大手术才能挽救的。

（3）人体要害部位严重灼伤、烫伤，或非要害部位灼伤、烫伤占全身面积1/3以上的；严重骨折，严重脑震荡等。

（4）眼部受伤较重，对视力产生影响，甚至有失明可能的。

（5）手部伤害：大拇指轧断一节的，食指、中指、无名指任何一只轧断两节或任何两只轧断一节的局部肌肉受伤严重，引起肌肉功能障碍，有不能自由伸屈的残废可能的。

（6）脚部伤害：一脚脚趾轧断三只以上的，局部肌肉受伤甚剧，有不能行走自如的残废的可能的。

（7）内部伤害：内脏损伤、内出血或伤及腹膜等。

（8）其他部位伤害严重的：不在上述各点内，经医师诊断后，认为受伤较重，根据实际情况由当地劳动部门审查认定。

3. 多人事故

在施工过程中如果出现多人（3人或3人以上）受伤的情况，则应以多人工伤事故处理。

4. 急性中毒

急性中毒是指由于食物、饮水、接触物等原因造成的员工中毒。急性中毒会对受害者的机体造成严重的伤害，一般作为工伤事故处理。

5. 重大伤亡事故

重大伤亡事故是指在施工过程中，由于事故造成一次死亡1~2人的事故。

6. 多人重大伤亡事故

多人重大伤亡事故是指在施工过程中，由于事故造成一次死亡3人或3人以上10人以下的重大工伤事故。

7. 特大伤亡事故

特大伤亡事故是指在施工过程中，由于事故造成一次死亡10人或10人以上的伤亡事故。

二、 事故处理程序

一般来说，如果在施工过程中发生重大伤亡事故，企业负责人员应在第一时间组织对伤员进行抢救，并及时将事故情况报告给各有关部门，具体来说主要分为以下三个主要步骤。

（一）迅速抢救伤员，保护好事故现场

在工伤事故发生之后，施工单位的负责人应迅速组织人员对伤员展开抢救，并拨打120急救热线。另外，还要保护好事故现场，帮助劳动责任认定部门进行劳动责任认定。

（二）组织调查组

轻伤、重伤事故，由企业负责人或其指定人员组织生产、技术、安全等部门及工会组成事故调查组，进行调查；伤亡事故，由企业主管部门会同同级行政安全管理部门、公安部门、监察部门、工会组成事故调查组，进行调查。死亡和重大死亡事故调查组应邀请人民检察院参加，还可邀请有关专业技术人员参加，与发生事故有直接利害关系的人员不得参加调查组。

（三）现场勘察

1.做出笔录

通常情况下，笔录的内容包括事发时间、地点以及气象条件等；现场勘察人员的姓名、单位、职务；现场勘察起止时间、勘察过程；能量逸散所造成的破坏情况、状态、程度；设施设备损坏情况及事故发生前后的位置；事故发生前的劳动组合，现场人员的具体位置和行动；重要物证的特征、位置及检验情况等。

2.实物拍照

包括方位拍照，反映事故现场周围环境中的位置；全面拍照，反映事故现场各部位之间的联系；中心拍照，反映事故现场中心情况；细目拍照，揭示造成事故的直接原因的痕迹物、致害物；人体拍照，反映伤亡者主要受伤和造成伤害的部位。

3.现场绘图

根据事故的类别和规模以及调查工作的需要应绘制；建筑物平面图、剖面图；事故发生时人员位置及疏散图；破坏物立体图或展开图；涉及范围图；设备或工、器具构造图等。

4.分析事故原因、确定事故性质

分析的步骤和要求是：

（1）通过详细的调查、查明事故发生的经过。

（2）整理和仔细阅读调查资料，对受伤部位、受伤性质、起因物、致害物、伤害方法、不安全行为和不安全状态等七项内容进行分析。

（3）根据调查所确认的事实，从直接原因入手，逐渐深入到间接原因。通过对原因

的分析，确定出事故的直接责任者和领导责任者，根据他们在事故发生中的责任，找出主要责任者。

（4）确定事故的性质。如责任事故、非责任事故和破坏性事故。

5. 写出事故调查报告

事故调查组应着重把事故发生的经过、原因、责任分析和处理意见以及本次事故的教训和改进工作的建议等写成报告，以调查组全体人员签字后报批。如内部意见不统一，应进一步弄清事实，对照政策法规反复研究，统一认识。对于个别同志仍持有不同意见的，可在签字时写明自己的意见。

6. 事故的审理和结案

建设部对事故的审批和结案有以下几点要求：

（1）事故调查处理结论，应经有关机关审批后，方可结案。伤亡事故处理工作应当在 90 日内结案，特殊情况不得超过 180 日。

（2）事故案件的审批权限，同企业的隶属关系及人事管理权限一致。

（3）对事故责任人的处理，应根据其情节轻重和损失大小，对谁有责任、主要责任、其次责任、重要责任、一般责任、领导责任等，按规定给予处分。

（4）要把事故调查处理的文件、图纸、照片、资料等记录长期完整地保存起来。

第七章 水利工程质量管理

第一节 水利工程质量概述

一、工程质量的定义

建设工程质量简称工程质量。工程质量是指在国家现行的有关法律、法规、技术标准、设计文件和合同中，对工程的安全、适用、经济、环保、美观等特性的综合要求。

建设工程作为一种特殊的产品，除具有一般产品共有的质量特性，如性能、寿命、可靠性、安全性、经济性等满足社会需要的使用价值及其属性外，还具有特定的内涵。

建设工程质量的特性主要表现在以下六个方面。

1. 适用性

适用性即功能，是指工程满足使用目的的各种性能。包括：理化性能，如尺寸、规格、保温、隔热、隔音等物理性能及耐酸、耐碱、耐腐蚀、防火、防风化、防尘等化学性能；结构性能，指地基基础牢固程度，结构的足够强度、刚度和稳定性；使用性能，如民用住宅工程要能使居住者安居，工业厂房要能满足生产活动需要，道路、桥梁、铁路、航道要能通达便捷等。建设工程的组成部件、配件、水、暖、电、卫器具、设备也要能满足其使用功能；外观性能，指建筑物的造型、布置、室内装饰效果、色彩等美观大方、协调等。

2. 耐久性

耐久性即寿命，是指工程在规定的条件下，满足规定功能要求使用的年限，也就是工程竣工后的合理使用寿命周期。由于建筑物本身结构类型不同、质量要求不同、施工方法不同、使用性能不同的个性特点，如民用建筑主体结构耐用年限分为四级（15~30年，30~50年，50~100年，100年以上），公路工程设计年限一般按等级控制在10~20年，城市道路工程设计年限视不同道路构成和所用的材料，设计的使用年限也有所不同。

3. 安全性

安全性是指工程建成后在使用过程中保证结构安全、保证人身和环境免受危害的程度。建设工程产品的结构安全度、抗震、耐火及防火能力，人民防空的抗辐射、抗核污染、抗爆炸波等能力，是否能达到特定的要求，都是衡量其安全性的重要标志。工程交付使用之后，必须保证人身财产、工程整体都有能免遭工程结构破坏及外来危害的能力。工程组成部件，如阳台栏杆、楼梯扶手、电器产品漏电保护、电梯及各类设备等，也要保证使用者的安全。

4. 可靠性

可靠性是指工程在规定的时间和规定的条件下完成规定功能的能力。工程不仅要求在交工验收时要达到规定的指标，而且在一定的使用时期内要保持应有的正常功能。如工程上的防洪与抗震能力、防水隔热、恒温恒湿措施、工业生产用的管道防"跑、冒、滴、漏"等，都属于可靠性的质量范畴。

5. 经济性

经济性是指工程从规划、勘察、设计、施工到整个产品使用寿命周期内的成本和消耗的费用。工程经济性具体表现为设计成本、施工成本、使用成本三者之和。包括从征地、拆迁、勘察、设计、采购（材料、设备）、施工、配套设施等建设全过程的总投资和工程使用阶段的能耗、水耗、维护、保养乃至改建更新的使用维修费用。

6. 与环境的协调性

与环境的协调性是指工程与其周围生态环境协调，与所在地区经济环境协调以及与周围已建工程协调，以适应可持续发展的要求。

上述六个方面的质量特性彼此之间是相互依存的。总体而言，适用、耐久、安全、可靠、经济、与环境协调性，都是工程质量必须达到的基本要求，缺一不可。

二、 影响工程质量的因素

影响建设工程项目质量的因素很多，通常可以归纳为五个方面，即 4M1E：人（Man）、材料（Material）、机械（Machine）、方法（Method）和环境（Environment）。施工时对这五方面的因素严加控制，是保证建筑工程质量的关键。

1. 人

人是生产经营活动的主体，也是直接参与施工的组织者、指挥者及直接参与施工作业活动的具体操作者。人员素质，即人的文化、技术、决策、组织、管理等能力的高低直接或间接影响工程质量。此外，人作为控制的对象，要避免产生失误；作为控制的动力，要充分调动人的积极性，发挥人的主导作用。

为此，要根据工程特点，从确保质量出发，从人的技术水平、人的生理缺陷、人的心理行为、人的错误行为等方面来控制对人的管理。因此，建筑行业实行经营资质管理和各类行业从业人员持证上岗制度是保证人员素质的重要措施。

2. 材料

材料包括原材料、成品、半成品、构配件等，它是工程建设的物质基础，也是工程质量的基础。要通过严格检查验收，正确合理地使用，建立管理台账，进行收、发、储、运等各环节的技术管理，避免混料和将不合格的原材料使用到工程上。

3. 机械

机械包括施工机械设备、工具等，是施工生产的手段。要根据不同工艺特点和技术要求，选用合适的机械设备；要正确使用、管理和保养好机械设备。工程机械的质量与性能直接影响到工程项目的质量。为此，要健全"人机固定"制度、"操作证"制度、岗位责任制度、交接班制度、"技术保养"制度、"安全使用"制度、机械设备检查制度等，确保机械设备处于最佳使用状态。

4. 方法

方法，包含施工方案、施工工艺、施工组织设计、施工技术措施等。在工程中，方法是否合理，工艺是否先进，操作是否得当，都会对施工质量产生重大影响。应通过分析、研究、对比，在确认可行的基础上，切合工程实际，选择能解决施工难题、技术可行、经济合理、有利于保证质量、加快进度、降低成本的方法。

5. 环境

影响工程质量的环境因素较多，有工程技术环境，如工程地质、水文、气象等；工程管理环境，如质量保证体系、质量管理制度等；劳动环境，如劳动组合、作业场所、工作面等；法律环境，如建设法律法规等；社会环境，如建筑市场规范程度、政府工程质量监督和行业监督成熟度等。环境因素对工程质量的影响，具有复杂而多变的特点，如气象条件就变化万千，温度、湿度、大风、暴雨、酷暑、严寒都直接影响工程质量。又如前一工序往往就是后一工序的环境，前一分项、分部工程也就是后一分项、分部工程的环境。因此，加强环境管理，改进作业条件，把握好环境，是控制环境对质量影响程度的重要保证。

第二节 质量控制体系

一、质量控制责任体系

在工程项目建设中，参与工程建设的各方，应根据国家颁布的《建设工程质量管理条例》以及合同、协议与有关文件的规定承担相应的质量责任。

（一）建设单位的质量责任

建设单位要根据工程特点和技术要求，按有关规定选择相应资质等级的勘察、设计单位和施工单位，在合同中必须有质量条款，明确质量责任，并真实、准确、齐全地提供与建设工程有关的原始资料。凡建设工程项目的勘察、设计、施工、监理以及与工程建设有关重要设备材料的采购，均实行招标，依法确定程序和方法，择优选定中标者。不得将应由一个承包单位完成的建设工程项目肢解成若干部分发包给几个承包单位；不得迫使承包方以低于成本的价格竞标；不得任意压缩合理工期；不得明示或暗示设计单位或施工单位违反建设强制性标准，降低建设工程质量。建设单位对其自行选择的设计、施工单位发生的质量问题承担相应责任。

建设单位应根据工程特点，配备相应的质量管理人员。对国家规定强制实行监理的工程项目，必须委托有相应资质等级的工程监理单位进行监理。建设单位应与监理单位签订监理合同，明确双方的责任和义务。

建设单位在工程开工前，负责办理有关施工图设计文件审查、工程施工许可证和工程质量监督手续，组织设计和施工单位应认真进行检查，涉及建筑主体和承重结构变动的装修工程，建设单位应在施工前委托原设计单位或者相应资质等级的设计单位提出设计方案，经原审查机构审批后方可施工。工程项目竣工后，应及时组织设计、施工、工程监理等有关单位进行施工验收，未经验收备案或验收备案不合格的，不得交付使用。

建设单位按合同约定负责采购供应的建筑材料、建筑构配件和设备，应符合设计文件和合同要求，对发生的质量问题，应承担相应的责任。

（二）勘察、设计单位的质量责任

勘察、设计单位必须在资质等级许可的范围内承揽相应的勘察、设计任务，不允许承揽超越其资质等级许可范围以外的任务，不得将承揽工程转包或违法分包，也不得以任何形式用其他单位的名义承揽业务或允许其他单位或个人以本单位的名义承揽业务。

勘察、设计单位必须按照国家现行的有关规定、工程建设强制性技术标准和合同要求

进行勘察、设计工作，并对所编制的勘察设计文件的质量负责。勘察单位提供的地质、测量、水文等勘察成果文件必须准确。设计单位提供的设计文件应当符合国家规定的设计深度要求，注明工程合理使用年限。设计文件中选用的材料、构配件和设备，应当注明规格、型号、性能等技术生产线，不得指定生产厂、供应商。设计单位应就审查合格的施工图文件向施工单位作出详细说明，解决施工中对设计提出的问题，负责设计变更。参与工程质量事故分析，并对设计造成的质量事故，提出相应的处理方案。

（三）施工单位的质量责任

施工单位必须在其资质等级许可的范围内承揽相应的施工任务，不允许承揽超越其资质等级业务范围以外的任务，不得将承接的工程转包或违法分包，也不得以任何形式用其他施工单位的名义承揽工程或允许其他单位、个人以本单位的名义承揽工程。

施工单位对所承包的工程项目的质量负责。应当建立健全质量管理体系，落实质量责任制，确定工程项目的项目经理。技术、施工、设备采购的一项或多项实行总承包的，总承包单位应对其承包的建设工程或采购的设备的质量负责；实行总分包的工程，分包应按照分包合同约定其分包工程的质量向总承包单位负责，总承包单位与分包单位对分包工程的质量承担连带责任。

施工单位必须按照工程设计图纸和施工技术规范标准组织施工。未经设计单位同意，不得擅自修改工程设计。在施工中，必须按照工程设计要求、施工技术规范标准和合同约定，对建筑材料、构配件、设备和商品混凝土进行检验，不得偷工减料，不得使用不符合设计和强制性技术标准要求的产品，不得使用未经检验和试验或检验与试验不合格的产品。

（四）工程监理单位的质量责任

工程监理单位应按其资质等级许可的范围承揽工程监理业务，不允许超越本单位资质等级许可的范围或以其他工程监理单位的名义承揽工程监理业务，不得转让工程监理业务，不允许其他单位或个人以本单位的名义承揽工程监理业务。

工程监理单位应依照法律、法规以及有关技术标准、设计文件和建设工程承包合同，与建设单位签订监理合同，代表建设单位对工程质量实施监理，并对工程质量承担监理责任。监理责任主要有违法责任和违约责任两个方面。如工程监理单位故意弄虚作假，降低工程质量标准，造成质量事故的，应当承担法律责任；若工程监理单位与承包单位串通，谋取非法利益，给建设单位造成损失的，应当与承包单位共同承担连带赔偿责任；如果监理单位在责任期内，不按照监理合同约定履行监理职责，给建设单位或其他单位造成损失的，属违约责任，应当向建设单位赔偿。

（五） 建筑材料、构配件及设备生产或供应单位的质量责任

建筑材料、构配件及设备生产或供应单位对其生产或供应的产品质量负责。生产商或供应商必须具备相应的生产条件、技术装备和质量管理体系，所生产或供应的建筑材料、构配件及设备的质量应符合国家和行业现行的技术规定的合格标准与设计要求，并与说明书和包装上的质量标准相符，且应有相应的产品检验合格证，设备有详细的使用说明等。

二、 建筑工程质量政府监督管理的职能

（一） 建立和完善工程质量管理法规

工程质量管理法规包括行政性法规和工程技术规范标准，前者如《中华人民共和国建筑法》《建设工程质信管理条例》等，后者如工程设计规范、建筑工程施工质量验收统一标准、工程施工质量验收规范等。

（二） 建立和落实工程质量责任制

工程质量责任制包括工程质量行政领导的责任、项目法定代表人的责任、参建单位法定代表人的责任和质量终身负责制等。

（三） 建设活动主体资格的管理

国家对从事建设活动的单位实行严格的从业许可制度，对从事建设活动的专业技术人员实行严格的执业资格制度。建设行政部门及有关专业部门活动各自分工，负责对各类资质标准的审查、从业单位的资质等级的最后认定、专业技术人员资格等级和从业范围等实施动态管理。

（四） 工程承发包管理

工程承发包管理包括规定工程招标承发包的范围、类型、条件，对招标承发包活动的依法监督和工程合同管理。

（五） 控制工程建设程序

工程建设程序包括工程报建、施工图设计文件的审查、工程施工许可、工程材料和设备准用、工程质量监督、施工验收备案等。

<h1 style="text-align:center">第三节 全面质量管理</h1>

一、 全面质量管理的定义

全面质量管理是以组织全员参与为基础的质量管理形式。全面质量管理代表了质量管理发展的最新阶段，其起源于美国，后来在其他一些工业发达国家开始推行，并且在实践运用中各有所长。特别是日本，在 20 世纪 60 年代开始推行全面质量管理并取得了丰硕的成果，引起世界各国的瞩目。20 世纪 80 年代后期，全面质量管理得到了进一步的扩展和深化，其含义远远超出了一般意义上的质量管理的领域，而成为一种综合的、全面的经营管理方式和理念。我国从 1978 年推行全面质量管理以来，在理论和实践上都有一定的发展，并取得了成效，这为在我国贯彻实施 ISO 9000 族国际标准奠定了基础，并且 ISO 9000 族国际标准的贯彻和实施又为全面质量管理的深入发展创造了条件。我们应该在推行全面质量管理和贯彻实施 ISO 9000 族国际标准的实践中，进一步探索、总结和提高，为形成有中国特色的全面质量管理而努力。

全面质量管理在早期称为 TQC（Total Quality Control），后来随着进一步发展而演化成为 TQM（Total Quality Management）。阿曼德·费根堡姆于 1961 年在其《全面质量管理》一书中首先提出了全面质量管理的概念："全面质量管理是为了能够在最经济的水平上，并考虑到充分满足用户要求的条件下进行市场研究、设计、生产和服务，把企业内各部门研制质量、维持质量和提高质量的活动构成为一体的一种有效体系。" 阿曼德·费根堡姆的这个定义强调了以下三个方面。首先，这里的"全面"一词是相对于统计质量控制中的"统计"而言。也就是说，要生产出满足顾客要求的产品，提供顾客满意的服务，单靠统计方法控制生产过程是不够的，必须综合运用各种管理方法和手段，充分发挥组织中的每一个成员的作用，从而更全面地去解决质量问题。其次，"全面"还相对于制造过程而言。产品质量有个产生、形成和实现的过程，这一过程包括市场研究、研制、设计、制订标准、制订工艺、采购、配备设备与工装、加工制造、工序制造、检验、销售、售后服务等多个环节，它们相互制约、共同作用的结果决定了最终的质量水准。仅仅局限于只对制造过程实行控制是远远不够的。再次，质量应当是"最经济的水平"与"充分满足顾客要求"的完美统一，离开经济效益和质量成本去谈质量是没有实际意义的。

阿曼德·费根堡姆的全面质量管理观点在世界范围内得到了广泛的接受。但各个国家在实践中都结合自己的实际进行了创新。特别是 20 世纪 80 年代后期以来，全面质量管理得到了进一步的扩展和深化，其含义远远超出了一般意义上的质量管理的领域，而成为一种综合的、全面的经营管理方式和理念。在这一过程中，全面质量管理的概念也得到了进一步的发展。2000 版 ISO 9000 族标准中对全面质量管理的定义为：一个组织以质量为中心，以全员参与为基础，目的在于通过让顾客满意和本组织所有成员及社会受益而达到长期成功的管理途径。这一定义反映了全面质量管理概念的最新发展，也得到了质量管理界广泛认可。

二、全面质量管理PDCA循环

PDCA 循环又称戴明环，是美国质量管理专家沃特·阿曼德·休哈特首先提出的，由戴明采纳与宣传，使其获得普及，它反映了质量管理活动的规律。质量管理活动的全部过程，是质量计划的制订和组织实现的过程，这个过程就是按照PDCA循环，不停顿地周而复始地运转的。每一循环都围绕着实现预期的目标，进行计划、实施、检查和处置活动，随着对存在问题的克服、解决和改进，不断增强质量能力，提高质量水平。

PDCA 循环主要包括四个阶段：计划（Plan）、实施（Do）、检查（Check）和处置（Act）。

1. 计划（Plan）

质量管理的计划职能，包括确定或明确质量目标和制定实现质量目标的行动方案两个方面。建设工程项目的质量计划，一般由项目干系人根据其在项目实施中所承担的任务、责任范围和质量目标，分别进行质量计划而形成的质量计划体系。实践表明，质量计划的严谨周密、经济合理和切实可行，是保证工作质量、产品质量和服务质量的前提条件。

2. 实施（Do）

实施职能在于将质量的目标值，通过生产要素的投入、作业技术活动和产出过程，转换为质量的实际值。在各项质量活动实施前，根据质量计划进行行动方案的部署和交底；在实施过程中，严格执行计划的行动方案，将质量计划的各项规定和安排落实到具体的资源配置和作业技术活动中去。

3. 检查（Check）

指对计划实施过程进行各种检查，包括作业者的自检、互检和专职管理者专检。

4. 处置（Act）

对于质量检查所发现的质量问题，及时进行原因分析，采取必要的措施予以纠正，使工程质量形成过程保持在受控状态。

三、 全面质量管理要求

(一) 全过程的质量管理

任何产品或服务的质量，都有一个产生、形成和实现的过程。从全过程的角度来看，质量产生、形成和实现的整个过程是由多个相互联系、相互影响的环节所组成的，每一个环节都或轻或重地影响着最终的质量状况。为了保证和提高质量就必须把影响质量的所有环节和因素都控制起来。为此，全过程的质量管理包括了从市场调研、产品的设计开发、生产（作业），到销售、服务等全部有关过程的质量管理。换句话说，要保证产品或服务的质量，不仅要搞好生产和作业过程的质量管理，还要搞好设计过程和使用过程的质量管理。要把质量形成全过程的各个环节或有关因素控制起来，形成一个综合性的质量管理体系，做到以预防为主，防检结合，重在提高。为此，全面质量管理强调必须体现如下两个思想：

1. 预防为主、不断改进的思想

优良的产品质量通过设计和生产来保证的，而不是靠事后的检验决定的。事后的检验面对的是既成事实的产品质量。根据这一基本道理，全面质量管理要求把管理工作的重点，从"事后把关"转移到"事前预防"上来；从管结果转变为管因素，实行"预防为主"的方针，把不合格消灭在它的形成过程之中，做到"防患于未然"。当然，为了保证产品质量，防止不合格品出厂或流入下道工序，并把发现的问题及时反馈，防止再出现、再发生，加强质量检验在任何情况下都是必不可少的。强调预防为主、不断改进的思想，不仅不排斥质量检验，而且要求其更加完善、更加科学。质量检验是全面质量管理的重要组成部分，企业内行之有效的质量检验制度必须坚持，并且要进一步使之科学化、完善化、规范化。

2. 为顾客服务的思想

顾客有内部和外部之分：外部的顾客可以是最终的顾客，也可以是产品的经销商或再加工者；内部的顾客是企业的部门和人员。实行全过程的质量管理要求企业所有各个工作环节都必须树立为顾客服务的思想。内部顾客满意是外部顾客满意的基础。因此，在企业内部要树立"下道工序是顾客""努力为下道工序服务"的思想。现代工业生产是一环扣一环，前道工序的质量会影响后道工序的质量，一道工序出了质量问题，就会影响整个过程以至产品质量。因此，要求每道工序的工序质量都要经得起下道工序，即"顾客"的检验，满足下道工序的要求。有些企业开展的"三工序"活动，即复查上道工序的质量；保证本道工序的质量；坚持优质、准时为下道工序服务是为顾客服务思想的具体体现。只有每道工序在质量上都坚持高标准，都为下道工序着想，为下道工序提供最大的便利，企业才能目标一致地、协调地生产出符合规定要求，满足用户期望的产品。

可见，全过程的质量管理就意味着全面质量管理要"始于识别顾客的需要，终于满足顾客的需要"。

（二）全员的质量管理

产品和服务质量是企业各方面、各部门、各环节工作质量的综合反映。企业中任何一个环节，任何一个人的工作质量都会不同程度地直接或间接地影响着产品质量或服务质量。因此，把控产品质量人人有责，只有人人做好本职工作，人人参加质量管理，才能生产出顾客满意的产品。要实现全员的质量管理，应当做好三个方面的工作。

1. 必须抓好全员的质量教育和培训

教育和培训的目的有两个方面。第一，加强职工的质量意识，牢固树立"质量第一"的思想。第二，提高员工的技术能力和管理能力，增强参与意识。在教育和培训过程中，要分析不同层次员工的需求，有针对性地开展教育和培训。

2. 明确职责

要制定各部门、各级各类人员的质量责任制，明确任务和职权，各司其职，密切配合，以形成一个高效、协调、严密的质量管理工作系统。这就要求企业的管理者要勇于授权、敢于放权。授权是现代质量管理的基本要求之一。其原因在于，第一，顾客和其他相关方能否满意、企业能否对市场变化作出迅速反应决定了企业能否生存。而提高反应速度的重要和有效的方式就是授权。第二，企业的职工有强烈的参与意识，同时也有很高的聪明才智，赋予他们权力和相应的责任，也能够激发他们的积极性和创造性。第三，在明确职权和职责的同时，还应该要求各部门和相关人员对质量作出相应的承诺。当然，为了激发他们的积极性和责任心，企业应该将质量责任同奖惩机制挂起钩来。只有这样，才能够确保责、权、利三者的统一。

3. 开展多种形式的群众性质量管理活动

要开展多种形式的群众性质量管理活动，充分发挥广大职工的聪明才智和当家作主的进取精神。群众性质量管理活动的重要形式之一是质量管理小组。除了质量管理小组之外，还有很多群众性质量管理活动，如合理化建议制度、和质量相关的劳动竞赛等。总之，企业应该发挥创造性，采取多种形式激发全员参与的积极性。

（三）全企业的质量管理

全企业的质量管理可以从纵横两个方面来加以理解。从纵向的组织管理角度来看，质量目标的实现有赖于企业的上层、中层、基层管理乃至一线员工的通力协作，其中尤以高层管理能否全力以赴起着决定性的作用。从企业职能间的横向配合来看，要保证和提高产品质量必须使企业研制、维持和改进质量的所有活动构成为一个有效的整体。全企业的质量管理可以从两个角度来理解。

1. 组织管理的角度

从组织管理的角度来看，每个企业都可以划分成上层管理、中层管理和基层管理。"全企业的质量管理"就是要求企业各管理层次都有明确的质量管理活动内容。当然，各层次活动的侧重点不同。上层管理侧重于质量决策，制订出企业的质量方针、质量目标、质量政策和质量计划，并统一组织、协调企业各部门、各环节、各类人员的质量管理活动，保证实现企业经营管理的最终目的；中层管理则要贯彻落实领导层的质量决策，运用一定的方法找到各部门的关键、薄弱环节或必须解决的重要事项，确定出本部门的目标和对策，更好地执行各自的质量职能，并对基层工作进行具体的业务管理；基层管理则要求每个职工都要严格地按标准、按规范进行生产，相互间进行分工合作，互相支持协助，并结合岗位工作，开展群众合理化建议和质量管理小组活动，不断进行作业改善。

2. 质量职能角度

从质量职能角度看，产品质量职能是分散在全企业的有关部门中的，要保证和提高产品质量，就必须将分散在企业各部门的质量职能充分发挥出来。

但由于各部门的职责和作用不同，其质量管理的内容也是不一样的。为了有效地进行全面质量管理，就必须加强各部门之间的组织协调，并且为了从组织上、制度上保证企业长期稳定地生产出符合规定要求、满足顾客期望的产品，最终必须要建立起企业的质量管理体系，使企业的所有研制、维持和改进质量的活动成为一个有效的整体。建立和健全企业质量管理体系，是全面质量管理深化发展的重要标志。

可见，全企业的质量管理就是要"以质量为中心，领导重视、组织落实、体系完善"。

（四） 多方法的质量管理

影响产品质量和服务质量的因素越来越复杂：既有物质的因素，又有人的因素；既有技术的因素，又有管理的因素；既有企业内部的因素，又有随着现代科学技术的发展，对产品质量和服务质量提出了越来越高要求的企业外部的因素。要想把这一系列的因素系统地控制起来，全面管理好，企业就必须根据不同情况，区别不同的影响因素，广泛、灵活地运用多种多样的现代化管理办法来解决当代质量问题。

目前，各企业质量管理中广泛使用了各种方法，统计方法是其中之一。除此之外，还有很多非统计方法。常用的质量管理方法有所谓的老七种工具，具体包括因果图、排列图、直方图、控制图、散布图、分层图、调查表；还有新七种工具，具体包括：关联图、箭条图、系统图、矩阵图、矩阵数据分析法、过程决策程序图、矢线图。除了以上方法外，还有很多其他方法，尤其是一些新方法近年来得到了广泛的关注，具体包括：质量功能展开（QFD）、故障模式和影响分析（FMEA）、头脑风暴法（Brain storming）、"6σ"法、水平对比法（Benchmarking）、业务流程再造（BPR）等。

总之，为了实现质量目标，必须综合应用各种先进的管理方法和技术手段，必须善于学习和引进国内外先进企业的经验，不断改进本组织的业务流程和工作方法，不断提高组织成员的质量意识和质量技能。"多方法的质量管理"要求的是"程序科学、方法灵活、实事求是、讲求实效"。

上述"三全一多样"，都是围绕着"有效地利用人力、物力、财力、信息等资源，以最经济的手段生产出顾客满意的产品"这一企业目标的，这是我国企业推行全面质量管理的出发点和落脚点，也是全面质量管理的基本要求。坚持质量第一，把顾客的需要放在第一位，树立为顾客服务、对顾客负责的思想，是我国企业推行全面质量管理贯彻始终的指导思想。

第四节 质量控制方法

一、质量控制的方法

施工质量控制的方法，主要包括审核有关技术文件、报告和直接进行检查或必要的试验等。

（一）审核有关技术文件、报告或报表

对技术文件、报告、报表的审核，是项目经理对工程质量进行全面控制的重要手段，具体内容有：

（1）审核分包单位有关的技术资质证明文件，控制分包单位的质量。

（2）审核开工报告，并经现场核实。

（3）审核施工方案、质量计划、施工组织设计或施工计划，确保工程施工质量有可靠的技术措施保障。

（4）审核有关材料、半成品和构配件质量证明文件（如出场合格证、质量检验或试验报告等），确保工程质量有可靠的物质基础。

（5）审核反映工序质量动态的统计资料或控制图表。

（6）审核设计变更、修改图纸和技术核定书等，确保设计及施工图纸的质量。

（7）审核有关质量事故或质量问题的处理报告，确保质量事故或问题处理的质量。

（8）审核有关新材料、新工艺、新技术、新结构的技术鉴定书，确保新技术应用质量。

（9）审核有关工序交接检查，分部分项工程质量检查报告等文件，以确保和控制施工过程中的质量。

（10）审核并签署现场有关技术签证、文件等。

（二）现场质量检查

1.现场质量检查的内容

（1）开工前检查。开工前检查的目的是检查是否具备开工条件，开工后能否连续正常施工，能否保证工程质量。

（2）工序交接检查。对于重要的工序或对质量有重大影响的工序，在自检、互检的基础上，还要组织专职人员进行工序交接检查。

（3）隐蔽工程检查。凡是隐蔽工程均应检查认证后方能掩盖。

（4）停工后复工前的检查。因处理质量问题或某种原因停工后需复工时，经检查认可后方能复工。

（5）分项、分部工程完工后，经检查认可，签署验收记录后方可进行下一工程项目施工。

（6）成品保护检查。检查成品有无保护措施，或保护措施是否可靠。

此外，还应经常深入现场，对施工操作质量进行巡检，必要时还应进行跟班或追踪检查。

2.现场进行质量检查的方法

现场进行质量检查的方法有目测法、实测法和试验法三种。

（1）目测法。其手段可归纳为看、摸、敲、照四个字。

①看，是根据质量标准进行外观目测。如清水墙面是否洁净、喷涂是否密实、颜色是否均匀、内墙抹灰大面积及口角是否平直、地面是否光洁平整、油漆浆活表面观感等。

②摸，是手感检查。主要用于装饰工程的某些检查项目，如水刷石、干粘石粘结牢固程度，油漆的光滑度，浆活是否掉粉等。

③敲，是运用工具进行音感检查。如对地面工程、装饰工程中的水磨石、面砖、大理石贴面等均应进行敲击检查，通过声音的虚实判断有无空鼓，还可根据声音的清脆和沉闷判定属于面层空鼓还是底层空鼓。

④照，指对于难以看到或光线较暗的部位，可采用镜子反射或灯光照射的方法进行检查。

（2）实测法。指通过实测数据与施工规范及质量标准所规定的允许偏差对照，来判断质量是否合格。实测检查法的手段可归纳为靠、吊、量、套。

①靠，是用直尺、塞尺检查墙面、地面、屋面的平整度。

②吊，是用托线板以线锤吊线检查垂直度。

③量，是用测量工具和计量仪表等检查断面尺寸、轴线、标高、适度、温度等的偏差。这种方法用得最多，主要是检查允许偏差项目。如外墙砌砖上下窗口偏移用经纬仪或吊线检查等。

④套，是以方尺套方，辅以塞尺检查。如对阴阳角的方正、踢脚线的垂直度、预掉构件的方正等项目的检查。

（3）试验法。指必须通过试验手段，才能对质量进行判断的检查方法。如对钢筋焊接头进行拉力试验，检验焊接的质量等。

①理化试验。常用的理化试验包括物理力学性能方面的检验和化学成分及含量的测定等。

物理性能有：密度、含水量、凝结时间、安定性、抗渗等。力学性能的检验有：抗拉强度、抗压强度、抗弯强度、抗折强度、冲击韧性、硬度、承载力等。

②无损测试或检验。借助专门的仪器、仪表等探测结构或材料、设备内部组织结构或损伤状态。这类仪器有：回弹仪、超声波探测仪、渗透探测仪等。

二、施工质量控制的手段

（一）施工质量的事前控制

事前控制是以施工准备工作为核心，包括开工前的施工准备、作业活动前的施工准备等工作质量控制。施工质量的事前预控途径如下：

1.施工条件的调查和分析

施工条件包括合同条件、法规条件和现场条件，要做好施工条件的调查和分析，发挥其重要的预控作用。

2.施工图纸会审和设计交底

理解设计意图和对施工的要求，明确质量控制要点、重点和难点，以及消除施工图纸的差错等。

3.施工组织设计文件的编制与审查

施工组织设计文件是直接指导现场施工作业技术活动和管理工作的纲领性文件。工程项目施工组织设计是以施工技术方案为核心，通盘考虑施工程序、质量、进度、成本和安全目标的要求。科学合理的施工组织设计对有效地配置合格的施工生产要素，规范施工技术活动和管理行为将起到重要的导向作用。

4. 工程测量定位和标高基准点的控制

施工单位必须按照设计文件所确定的工程测量定位及标高的引测依据，建立工程测量基准点，自行做好技术复核，并报告项目监理机构进行复核检查。

5. 施工总（分）包单位的选择和资质的审查

对总（分）包单位资格与能力的控制是保证工程施工质量的重要方面。确定承包内容、单位及方式既直接关系到业主方的利益和风险，更关系到建设工程质量的保证问题。因此，按照我国现行法规的规定，业主在招标投标前必须对总（分）包单位进行资格审查。

6. 材料设备及部品采购质量的控制

建筑材料、构配件、半成品和设备是直接构成工程实体的物质，应该从施工备料开始进行控制，包括对供应厂商的评审、询价、采购计划与方式的控制等。施工单位必须有健全有效的采购控制程序，按照我国现行法规规定，主要材料采购前必须将采购计划报送工程监理部审查，实施采购质量预控。

7. 施工机械设备及工器具的配置与性能控制

施工机械设备及工器具的配置与性能控制对施工质量、安全、进度和成本有重要的影响，应在施工组织设计过程中根据施工方案的要求来确定，施工组织设计批准之后应对其落实状态进行检查控制，以保证技术预案的质量。

（二） 施工质量的事中控制

建设项目施工过程质量控制是最基本的控制途径，因此必须做好与作业工序质量形成相关配套技术的工作和对其的管理工作。其主要途径有：

1. 施工技术复核

施工技术复核是施工过程中保证各项技术基准正确性的重要措施，凡属轴线、标高、配方、样板、加工图等用作施工依据的技术工作，都要对其进行严格复核。

2. 施工计量管理

包括投料计量、检测计量等，其正确性与可靠性直接关系到工程质量的形成和客观效果的评价。因此，施工全过程必须对计量人员资格、计量程序和计量器具的准确性进行控制。

3. 见证取样送检

为了保证工程质量，我国规定对工程使用的主要材料、半成品、构配件以及施工过程中留置的试块及试件等实行现场见证取样送检。见证员由建设单位及工程监理机构中有相关专业知识的人员担任，送检的试验室应具备国家或地方工程检测主管部门批准的相关资质，见证取样送检必须严格执行规定的程序，包括取样见证并记录、样本编号、填单、封箱、送试验室核对、交接、试验检测、报告。

4. 技术核定和设计变更

在工程项目施工过程中，因施工方对图纸的某些要求不甚明白，或者是图纸内部的某些矛盾，或施工配料调整与代用、改变建筑节点构造、管线位置或走向等，需要通过设计单位明确或确认的，施工方必须以技术联系单的方式向业主或监理工程师提出，报送设计单位核准确认。在施工期间，无论是建设单位、设计单位或施工单位提出需要进行局部设计变更的内容，都必须按规定程序用书面方式进行变更。

5. 隐蔽工程验收

所谓隐蔽工程，是指上一道工序的施工成果要被下一道工序所覆盖，如地基与基础工程、钢筋工程、预埋管线等均属隐蔽工程。施工过程中，总监理工程师应安排监理人员对施工过程进行巡视和检查，对隐蔽工程、下道工序施工完成后难以检查的重点部位，专业监理工程师应安排监理员进行旁站。对施工过程中出现的质量缺陷，专业监理工程师应及时下达监理工程师通知，要求承包单位整改并检查整改结果。工程项目的重点部位、关键工序应由项目监理机构与承包单位协商后共同确认。监理工程师应从巡视、检查、旁站监督等方面对工序工程质量进行严格控制。加强隐蔽工程质量验收，是施工质量控制的重要环节。其程序要求施工方首先完成自检并合格，然后填写专用的"隐蔽工程验收单"，验收的内容应与已完成的隐蔽工程实物相一致，事先通知监理机构及有关方面，按约定时间进行验收。验收合格的工程由各方共同签署验收记录。验收不合格品的隐蔽工程，应按验收意见进行整改后重新验收，并严格执行隐蔽工程验收的程序和记录，可溯的质量记录对预防工程质量隐患具有重要作用。

6. 其他

长期施工管理实践过程形成的质量控制途径和方法，如批量施工前应做样板示范、现场施工技术质量例会、质量控制资料管理等，也是施工过程质量控制的重要工作途径。

（三）施工质量的事后控制

施工质量的事后控制，主要是进行已完工程的成品保护、质量验收和对不合格品的处理，以保证最终验收的建设工程质量。

1. 已完工程的成品保护，目的是避免已完施工成品受到来自后续施工以及其他方面的污染或损坏。其成品保护问题和措施，在施工组织设计与计划阶段就应该从施工顺序上进行考虑，防止施工顺序不当或交叉作业造成相互干扰、污染和损坏，成品形成后可采取防护、覆盖、封闭、包裹等相应措施进行保护。

2.施工质量检查验收作为事后质量控制的途径，应严格按照施工质量验收统一标准规定的质量验收划分，从施工顺序作业开始，依次做好检验批、分项工程、分部工程及单位工程的施工质量验收。通过多层次的设防把关，严格验收，实现控制建设工程项目的质量目标。

3.当建筑工程质量不符合要求时应按下列规定进行处理：

（1）经返工重做或更换器具设备的检验批应重新进行验收。

（2）经有资质的检测单位检测鉴定能够达到设计要求的检验批应予以验收。

（3）经有资质的检测单位检测鉴定达不到设计要求但经原设计单位核算认可能够满足结构安全和使用功能的检验批可予以验收。

（4）经返修及加固处理的分项分部工程虽然改变外形尺寸但仍能满足安全使用要求的，可按技术处理方案和协商文件进行验收。

通过返修或加固处理仍不能满足安全使用要求的分部工程、单位（子单位）工程严禁验收。

第五节 工程质量评定

根据《水利水电工程施工质量检验与评定规程》（SL176-2019），水利工程项目经过施工期、试运行期后，由监理单位进行统计并评定工程项目质量等级，经项目法人认定后，质量监督机构核定。

一、工程质量评定标准

（一）合格标准

1.单位工程质量全部合格。

2.工程施工期及试运行期，各单位工程观测资料分析结果均符合国家和行业技术标准以及合同约定的标准要求。

（二）优良标准

1.单位工程质量全部合格，其中70%以上单位工程质量达到优良等级，且主要单位工程质量全部优良。

2.工程施工期及试运行期，各单位工程观测资料分析结果符合国家和行业技术标准以

及合同约定的标准要求。

二、工程项目施工质量评定表的填写方法

根据《水利水电工程施工质量检验与评定规程》(SL176-2019)，填报水利工程项目施工质量评定表，具体如下：

（一）表头填写

1.工程项目名称：应与批准的设计文件一致。

2.工程等级：应根据工程项目的规模、作用、类型和重要性等，按照有关规定进行划分，设计文件中一般予以明确。

3.建设地点：是指工程建设项目所在行政区域或流域（河流）的名称。

4.主要工程量：是指建筑、安装工程的主要工程数量，如土方量、石方量、混凝土方量及安装机组（台）套数量。

5.项目法人：是指组织工程建设的单位。对于项目法人自己直接组织建设的工程项目，项目法人的名称与建设单位的名称应是一致的，项目法人名称就是建设单位名称；有的工程项目的项目法人与建设单位是一个机构两块牌子，这时建设单位的名称可填项目法人也可填建设单位的名称；对于项目法人在工程建设现场派驻有建设单位的，可以将项目法人与建设单位的名称一起填上，也可以只填建设单位。

6.设计单位：是指承担工程项目勘测设计任务的单位，若一个工程项目由多个勘测设计单位承担时，一般均应填上，或填完成主要单位工程和完成主要工程建设任务的勘测设计单位。

7.监理单位：是指承担工程项目监理任务的监理单位。如果一个工程项目由多个监理单位监理时，一般均应填上，或填承担主要单位工程的监理单位和完成主要工程建设任务的监理单位。

8.施工单位：是指直接与项目法人或建设单位签订工程承包合同的施工单位。若一个工程项目由多个施工单位承建时，应填承担主要单位工程和完成主要工程建设任务的施工单位。

9.开工、竣工日期：一般指主体工程正式开工的日期，如开工仪式举行的日期，或工程承包合同中阐明的日期。工程项目的竣工日期是指工程竣工验收鉴定书签订的日期。

10.评定日期：是指监理单位填写工程项目施工质量评定表时的日期。

（二）表身填写

此表不仅填写施工期的施工质量，还应包含试运行期工程质量。

1. 单位工程名称：该工程项目中的所有单位工程需要逐个填入表中。

2. 单元工程质量统计：首先应统计每个单位工程中单元工程的个数，再统计其中每个单位工程中优良单元工程的个数，最后逐个计算每个单位工程的单元工程优良率。

3. 分部工程质量统计：先统计每个单位工程中分部工程的个数，再统计每个单位工程中优良分部工程的个数，最后计算每个单位工程中分部工程的优良率。

每个单位工程的质量等级应是以单位工程的分部工程的优良率为基础，不仅考虑优良单位工程中的主要分部工程必须优良的条件，同时应考虑到原材料质量、中间产品、金属结构及启闭机、机电设备、重要隐蔽单元工程施工记录，以及外观质量、施工质量检验资料的完整程度和是否发生过质量事故、观测资料分析结论等情况，来确定单位工程的质量等级。该栏填写的应是经项目法人认定、质量监督机构核定后的单位工程质量等级。对于单位工程中的分部工程优良率达到70%以上时，若主要分部工程没有达到优良，或因原材料质量、中间产品质量、金属结构、启闭机制造质量和机电产品质量，以及外观质量、施工质量检验资料完整程序没有达到优良标准的要求，或主要分部工程中发生了质量事故或其他分部工程中发生了重大及以上质量事故，应在备注栏内予以简要说明。

（三）表尾的填写

（1）评定结构。统计本工程项目中单位工程的个数，质量全部合格。其中优良工程的个数，先计算工程项目单位工程的优良率；再计算主要单位工程的优良率，它是优良等级的主要单位工程的个数与主要单位工程的总个数之比值；最后再计算工程项目的质量等级。

（2）观测资料分析结论：填写通过实测资料提供数据的分析结果。

（3）监理单位意见：水利工程项目一般都不止一个施工单位承建，工程项目的质量等级应由各监理单位组织评定，工程项目的总监理工程师根据各单位工程质量评定的结果，确定工程项目的质量等级。总监理工程师签名并盖监理单位公单章，将其结果和有关资料报给项目法人（建设单位）。

（4）项目法人意见：若只有一个监理单位监理的工程项目，项目法人对监理单位评定的结果予以审查确认。若由多个监理单位共同监理的工程项目，每一个监理单位只能对其监理的工程建设内容的质量进行评定和复核，整个工程项目的质量评定应由项目法人组织有关人员进行评定，法定代表人或项目法人签名并盖单位公章，将结果和相关资料上报质量监督机构。

（5）质量监督机构核定意见：质量监督机构在接到项目法人（建设单位）报来的工程项目质量评定结果和有关资料后，对照有关标准，认真审查，核定工程项目的质量等

级。由工程项目质量监督负责人或质量监督机构负责人签名，并盖相应质量监督机构的公章。

三、工程质量评定表

工程质量评定表：1个。

单位工程评定表：共15个。

以单元工程为例，分部工程9个，分部工程施工质量评定表共填写9个。

以分部工程为例，单元工程17个，单元工程施工质量评定表共填写39个，具体详见表7-1。

表7-1　单元工程质量评定表

分部工程名称	单元工程名称	单元工程数量（个）	单元工程质量评定表
闸室段	土方开挖	1	《水利水电工程软基和岸坡开挖单元工程质量评定表》
	土方回填	2	《水利水电工程回填土单元工程质量评定表》
	垫层混凝土浇筑	1	《水利水电工程混凝土单元工程质量评定表》
			《水利水电工程基础面或混凝土施工缝处理工序质量评定表》
			《水利水电工程混凝土模板工序质量评定表》
			《水利水电工程混凝土浇筑工序质量评定表》
	底板混凝土浇筑	1	《水利水电工程混凝土单元工程质量评定表》
			《水利水电工程基础面或混凝土施工缝处理工序质量评定表》
			《水利水电工程混凝土模板工序质量评定表》
			《水利水电工程混凝土钢筋工序质量评定表》
			《水利水电工程混凝土止水、伸缩缝和排水管安装工序质量评定表》
			《水利水电工程混凝土浇筑工序质量评定表》
	墙身混凝土浇筑	1	《水利水电工程混凝土单元工程质量评定表》
			《水利水电工程基础面或混凝土施工缝处理工序质量评定表》
	顶板混凝土浇筑	1	《水利水电工程混凝土模板工序质量评定表》
			《水利水电工程混凝土钢筋工序质量评定表》
			《水利水电工程混凝土止水、伸缩缝和排水管安装工序质量评定表》
			《水利水电工程混凝土浇筑工序质量评定表》
	砂砾混凝土回填	1	《水利水电工程回填砂砾料单元工程质量评定表》
			《水利水电工程混凝土单元工程质量评定表》
			《水利水电工程基础面或混凝土施工缝处理工序质量评定表》
			《水利水电工程混凝土模板工序质量评定表》
			《水利水电工程混凝土钢筋工序质量评定表》
			《水利水电工程混凝土浇筑工序质量评定表》
	电缆井底板浇筑	3	《水利水电工程混凝土单元工程质量评定表》
			《水利水电工程基础面或混凝土施工缝处理工序质量评定表》
			《水利水电工程混凝土模板工序质量评定表》

续表

分部工程名称	单元工程名称	单元工程数量（个）	单元工程质量评定表
			《水利水电工程混凝土钢筋工序质量评定表》
			《水利水电工程混凝土浇筑工序质量评定表》
	电缆井墙身浇筑	3	《水利水电工程混凝土单元工程质量评定表》
			《水利水电工程基础面或混凝土施工缝处理工序质量评定表》
			《水利水电工程混凝土模板工序质量评定表》
			《水利水电工程混凝土钢筋工序质量评定表》
			《水利水电工程混凝土浇筑工序质量评定表》
	电缆沟、输油沟垫层浇筑	2	《水利水电工程混凝土单元工程质量评定表》
			《水利水电工程基础面或混凝土施工缝处理工序质量评定表》
			《水利水电工程混凝土模板工序质量评定表》
			《水利水电工程混凝土浇筑工序质量评定表》
	电缆沟、输油沟墙身砌筑	2	《水利水电工程砌砖（挡土墙）单元工程质量评定表》

第六节 质量统计分析

对工程项目进行质量控制的一个重要方法是利用质量数据和统计分析方法。通过收集和整理质量数据，进行统计分析比较，可以找出生产过程的质量规律，从而对工程产品的质量状况进行判断，找出工程中存在的问题和问题缠身的原因，然后再有针对性地找出解决问题的具体措施，从而有效解决工程中出现的质量问题，保证工程质量符合要求。

一、工程质量数据

工程质量数据是用以描述工程质量特征性能的数据。它是进行质量控制的基础，如果没有相关的质量数据，那么科学的现代化质量控制就不会出现。

（一）质量数据的收集

质量数据的收集总的要求应当是随机地抽样，即整批数据中每一个数据被抽到的几率是相同的。常用的抽样方法有随机抽样法、系统抽样法、二次抽样法和分层抽样法。

（二）质量数据的特征

为了进行统计分析和运用特征数据对质量进行控制，经常要使用许多统计特征数据。统计特征数据主要有均值、中位数、极值、极差、标准偏差、变异系数。其中，均值、中位数表示数据集中的位置；极差、标准偏差、变异系数表示数据的波动情况，即分散程度。

（三）质量数据的分类

根据不同的分类标准，可以将质量数据分为不同的种类。

按质量数据所具有的特点，可以将其分为计量值数据和计数值数据；按其收集的目的可分为控制性数据和验收性数据。

1.按质量数据的特点分类

（1）计数值数据。计数值数据是不连续的离散型数据。如不合格品数、不合格的构件数等，这些反映质量状况的数据是不能用量测器具来度量的，采用计数的办法，只能出现0、1、2等非负数的整数。

（2）计量值数据。计量值数据是可连续取值的连续型数据。如长度、重量、面积、标高等质量特征，一般都是可以用量测工具或仪器等量测，并且一般都带有小数。

2.按质量数据收集的目的分类

（1）控制性数据。控制性数据一般是以工序作为研究对象，是为分析、预测施工过程是否处于稳定状态而定期随机地抽样检验获得的质量数据。

（2）验收性数据。验收性数据是以工程的最终实体内容为研究对象，以分析、判断其质量是否达到技术标准或用户的要求，而采取随机抽样检验获取的质量数据。

（四）质量数据的波动

在工程施工过程中常可看到在相同的设备、原材料、工艺及操作人员条件下，生产的同一种产品的质量不同，反映在质量数据上，即具有波动性，其影响因素有偶然性因素和系统性因素两大类。

1.偶然性因素造成的质量数据波动

偶然性因素造成的质量数据波动属于正常波动，偶然因素是无法或难以控制的因素，所造成的质量数据的波动量不大，没有倾向性，作用是随机的，工程质量只有偶然因素影响时，生产才处于稳定状态。

2.系统性因素造成的质量数据波动

由系统因素造成的质量数据波动属于异常波动，系统因素是可控制、易消除的因素，这类因素不经常产生，但具有明显的倾向性，对工程质量的影响较大。

质量控制的目的就是要找出出现异常波动的原因，即系统性因素是什么，并加以排除，使质量只受随机性因素的影响。

二、质量控制统计方法

通过对质量数据的收集、整理和统计分析，找出质量的变化规律和存在的问题，提出进一步的改进措施，是所有涉及质量管理的人员所必须掌握的质量控制方法，它可以使质量控制工作定量化和规范化。在质量控制中常用的数学工具及方法主要有以下几种。

（一）排列图法

排列图法又叫作巴雷特法、主次排列图法，是分析影响质量主要问题的有效方法，将众多的因素进行排列，主要因素就会令人一目了然，如图7-1所示。

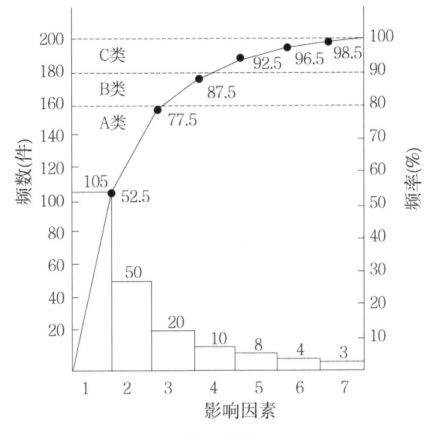

图7-1 排列图

排列图法由一个横坐标、两个纵坐标、几个长方形和一条曲线组成，左侧的纵坐标是频数或件数，右侧的纵坐标是累计频率，横轴则是项目或因素。按项目频数大小顺序在横轴上自左向右画长方形，其高度为频数，再根据右侧的纵坐标画出累计频率曲线，该曲线又叫作巴雷特曲线。

（二）直方图法

直方图法又叫作频率分布直方图法，人们将产品质量频率的分布状态用直方图形来表示，根据直方图形的分布形状和与公差界限的距离来观察、探索质量分布规律，分析和判

断整个生产过程是否正常。

利用直方图可以制定质量标准，确定公差范围，可以判明质量分布情况是否符合标准的要求。

1. 直方图的分布形式

直方图主要有六种分布形式，如图7-2所示。

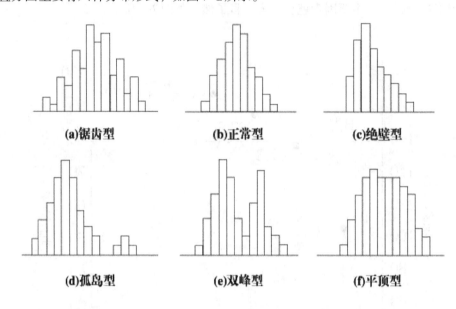

图7-2　直方图的分布形式

（1）锯齿型，如图7-2（a）所示，通常是由于分组不当或是组距确定不当而产生的。

（2）正常型，如图7-2（b）所示，说明产品生产过程正常，并且质量稳定。

（3）绝壁型，如图7-2（c）所示，一般是剔除下限以下的数据造成的。

（4）孤岛型，如图7-2（d）所示，一般是由于材质发生变化或他人临时替班造成的。

（5）双峰型，如图7-2（e）所示，主要是将两种不同的设备或工艺的数据混在一起造成的。

（6）平顶型，如图7-2（f）所示，生产过程中有缓慢变化的因素是产生这种分布形式的主要原因。

2. 使用直方图需要注意的问题

（1）直方图是一种静态的图像，因此不能反映出工程质量的动态变化。

（2）画直方图时要注意所参考数据的数量不能太少，一般应大于50个数据，否则画出的直方图难以正确反映总体的分布状态。

（3）直方图呈正态分布时，可求平均值和标准差。

（4）直方图出现异常时，应注意将收集的数据分层，然后画直方图。

（三）相关图法

产品质量与影响质量的因素之间具有一定的联系，但不一定是严格的函数关系，这种关系叫作相关关系，可利用直角坐标系将两个变量之间的关系表达出来。相关图的形式有正相关、负相关、非线性相关和无相关。此外还有调查表法、分层法等。

（四）因果分析图法

因果分析图也叫鱼刺图、树枝图，这是一种逐步深入研究和讨论质量问题的图示方法。

在工程建设过程中，任何一种质量问题的产生，一般都是由多种原因造成的，这些原因有大有小，把这些原因按照大小顺序分别用主干、大枝、中枝、小枝来表示，这样就可以一目了然地观察出导致质量问题的原因，并以此为依据，制定相应对策。

（五）管理图法

管理图也可以叫作控制图，它是反映生产过程随时间变化而变化的质量动态，即反映生产过程中各个阶段质量波动状态的图形。管理图利用上下控制界限，将产品质量特性控制在正常波动范围内，如果工程质量出现问题就可以通过管理图发现，进而及时制定处理措施。

第七节 质量事故处理

一、事故处理必备条件

建筑工程质量事故分析的最终目的是处理事故。由于事故处理具有复杂性、危险性、连锁性、选择性及技术难度大等特点，因此必须持以科学、谨慎的态度，严格遵守一定的处理程序。

（1）处理目的明确。

（2）事故情况清楚。

一般包括事故发生的时间、地点、过程、特征描述、观测记录及发展变化规律等。

（3）事故性质明确。

通常应明确三个问题：是结构性还是一般性问题；是实质性还是表面性问题；事故处理的紧迫程度如何。

（4）事故原因分析准确、全面。

事故处理就像医生给人看病一样，只有弄清病因，方能对症下药。

（5）事故处理所需资料应齐全。

资料是否齐全直接影响到分析判断的准确性和处理方法的选择。

二、事故处理要求

事故处理通常应达到以下四项要求：①安全可靠、不留隐患。②满足使用或生产要求。③经济合理。④施工方便、安全。要达到上述要求，事故处理必须注意以下事项。

（一）综合治理

首先，应防止原有事故处理后引发新的事故；其次，应注意处理方法的综合应用，以取得最佳效果；再者，一定要消除事故根源，不可治表不治里。

（二）事故处理过程中的安全

为避免在工程处理事故过程中或者在加固改造过程中发生倒塌事故，造成更大的人员和财产损失，在事故处理中应注意以下问题。

（1）对于严重事故，如岌岌可危、随时可能倒塌的建筑，在处理之前必须有可靠的支护。

（2）对需要拆除的承重结构部件，必须事先制定拆除方案和安全措施。

（3）凡涉及结构安全的，处理阶段的结构强度和稳定性十分重要，尤其是对钢结构容易失稳问题要引起足够重视。

（4）重视处理过程中由于附加应力引发的不安全因素。

（5）在不卸载条件下进行结构加固，应注意加固方法的选择以及其对结构承载力的影响。

（三）事故处理的检查验收工作

目前，对新建施工，由于引进工程监理，其在"三控三管一协调"方面发挥了重要作用。但对于建筑物的加固改造工程事故处理及检查验收工作重视程度还不够，应予以加强。

三、质量事故处理的依据

进行工程质量事故处理的主要依据有四个方面：质量事故的实况资料；具有法律效力的、得到有关当事各方认可的工程承包合同、设计委托合同、材料或设备购销合同，以及监理合同或分包合同等合同文件；有关的技术文件、档案和相关的建设法规。

（一）质量事故的实况资料

要搞清质量事故的原因和确定处理对策，首要是要掌握质量事故的实际情况。有关质量事故实况的资料主要来自以下几个方面。

（1）施工单位的质量事故调查报告。质量事故发生后，施工单位有责任就所发生的质量事故进行周密的调查、研究，以掌握情况，并在此基础上写出调查报告，提交监理工程师和业主。在调查报告中首先就应对与质量事故有关的实际情况做详尽的说明，其内容应包括：

①质量事故发生的时间、地点。

②质量事故状况的描述。发生的事故类型（如混凝土裂缝、砖砌体裂缝）；发生的部位（如楼层、梁、柱，及其所在的具体位置）；分布状态及范围；严重程度（如裂缝长度、宽度、深度等）。

③质量事故发展变化的情况（其范围是否继续扩大、程度是否已经稳定等）。

④有关质量事故的观测记录、事故现场状态的照片或录像。

（2）监理单位调查研究所获得的第一手资料。

其内容大致与施工单位调查报告中有关内容相似，可用来与施工单位所提供的情况对照、核实。

（二）有关合同及合同文件

1.处理事故过程中所涉及的合同文件有：工程承包合同、设计委托合同、设备与器材购销合同、监理合同等。

2.有关合同和合同文件在处理质量事故中的作用是确定在施工过程中有关各方是否按照合同有关条款实施其活动，借以探寻造成事故的可能原因。例如，施工单位是否在规定时间内通知监理单位进行隐蔽工程验收；监理单位是否按规定时间实施了检查验收；施工单位在材料进场时，是否按规定或约定进行了检验等。此外，有关合同文件还是界定质量责任的重要依据。

（三）有关的技术文件和档案

1.有关的设计文件

如施工图纸和技术说明等，它是施工的重要依据。在处理质量事故中，其作用一方面是可以对照设计文件，核查施工质量是否完全符合设计的规定和要求；另一方面是可以根据所发生的质量事故情况，核查设计中是否存在问题或缺陷，导致了质量事故的发生。

2. 与施工有关的技术文件、档案和资料

（1）施工组织设计或施工方案、施工计划。

（2）施工记录、施工日志等。根据它们可以查对发生质量事故时的工程施工情况，如施工时的气温、降雨、风、浪等自然条件；施工人员的情况；施工工艺与操作过程的情况；使用的材料情况；施工场地、工作面、交通等情况；地质及水文地质情况等。借助这些资料可以追溯和探寻事故的可能原因。

（3）有关建筑材料的质量证明资料。例如，材料批次、出厂日期、出厂合格证或检验报告、施工单位抽检或试验报告等。

（4）现场制备材料的质量证明资料。例如，混凝土拌和料的级配、水灰比、坍落度记录；混凝土试块强度试验报告；沥青拌和料配比、出机温度和摊铺温度记录等。

（5）质量事故发生后，对事故状况的观测记录、试验记录或试验报告等。例如，对地基沉降的观测记录；对建筑物倾斜或变形的观测记录；对地基钻探取样记录与试验报告，对混凝土结构物钻取试样的记录与试验报告等。

（6）其他有关资料。上述各类技术资料对于分析质量事故原因、判断其发展变化趋势、推断事故影响及严重程度、考虑处理措施等都是不可缺少的。

（四）监理单位编制质量事故调查报告

调查的主要目的是要明确事故的范围、缺陷程度、性质、影响和原因，为事故的分析和处理提供依据。

调查报告的内容主要包括：

（1）与事故有关的工程情况。

（2）质量事故的详细情况，诸如质量事故发生的时间、地点、部位、性质、现状及发展变化情况等。

（3）事故调查中的有关数据、资料和初步估计的直接损失。

（4）质量事故原因分析与判断。

（5）是否需要采取临时防护措施。

（6）事故处理及缺陷补救的建议方案与措施。

（7）事故涉及的有关人员的情况。

事故原因分析是确定事故处理措施方案的基础。正确的处理来源于对事故原因的正确判断。为此，监理工程师应当组织设计、施工、建设单位等各方参与事故原因分析。事故处理方案的制定应以事故原因分析为基础。如果某些事故一时认识不清，而且事故一时不致产生严重的恶化，可以继续进行调查、观测，以便掌握更充分的资料数据，做进一步分析，找出原因，以利制定处理方案；切忌急于求成，不对症下药，采取的处理措施不能达到预期效果，造成反复处理的不良后果。

（五）工程质量事故处理的程序

工程监理人员应熟悉各级政府建设行政主管部门处理工程质量事故的基本程序，特别是应把握在质量事故处理中如何履行自己的职责。工程质量事故发生后，监理人员可按以下程序进行处理，如图7-3所示。

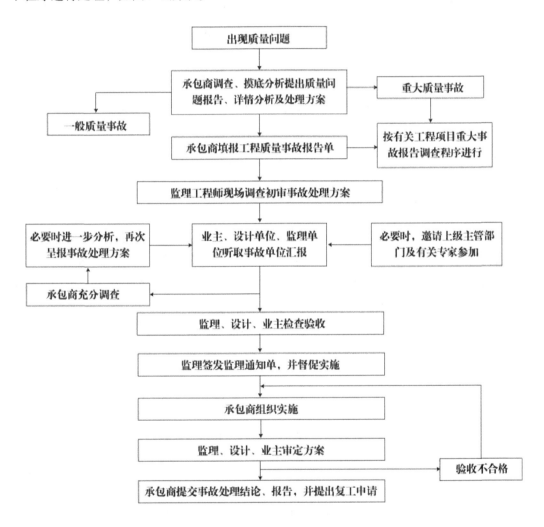

图7-3　工程质量事故处理程序框图

1.工程质量事故发生后，总监理工程师应签发《工程暂停令》，并要求停止进行质量缺陷部位和与其有关联部位及下道工序施工，应要求施工单位采取必要的措施，防止事故扩大并保护好现场。同时，要求质量事故发生单位迅速按类别和等级向相应的主管部门上报，并于24h内写出书面报告。

质量事故报告应包括以下内容:

(1) 事故发生的单位名称,工程产品名称、部位、时间、地点。

(2) 事故的概况和初步估计的直接损失。

(3) 事故发生后采取的措施。

(4) 相关的各种资料(有条件时)。

各级主管部门处理权限及组成调查组权限如下:

特别重大质量事故由国务院按有关程序和规定处理;重大质量事故由国家建设行政主管部门归口管理;严重质量事故由省、自治区、直辖市建设行政主管部门归口管理;一般质量事故由市、县级建设行政主管部门归口管理。

工程质量事故调查组由事故发生地的市、县以上建设行政主管部门或国务院有关主管部门组织成立。特别重大质量事故调查组组成由国务院批准;一、二级重大质量事故调查组由省、自治区、直辖市建设行政主管部门提出组成意见,人民政府批准;三、四级重大质量事故调查组由市、县级行政主管部门提出组成意见,相应级别人民政府批准;严重质量事故调查组由省、自治区、直辖市建设行政主管部门组织;一般质量事故调查组由市、县级建设行政主管部门组织;事故发生单位属国务院部委的,由国务院有关主管部门或其授权部门会同当地建设行政主管部门组织调查组。

2.监理工程师在事故调查组展开工作后,应积极协助其工作,客观地提供相应证据,若监理方无责任,监理工程师可应邀参加调查组,参与事故调查;若监理方有责任,则应予以回避,但应配合调查组工作。质量事故调查组的职责是:

① 查明事故发生的原因、过程、事故的严重程度和经济损失情况。

② 查明事故的性质、责任单位和主要责任人。

③ 组织技术鉴定。

④ 明确事故主要责任单位和次要责任单位,承担经济损失的划分原则。

⑤ 提出技术处理意见及防止类似事故再次发生应采取的措施。

⑥ 提出对事故责任单位和责任人的处理建议。

⑦ 写出事故调查报告。

3.当监理工程师接到质量事故调查组提出的技术处理意见后,可组织相关单位研究,并责成相关单位完成技术处理方案,并予以审核签认。质量事故技术处理方案,一般应委托原设计单位提出,由其他单位提供的技术处理方案,应经原设计单位同意签认。技术处理方案的制定,应征求建设单位意见。技术处理方案必须依据充分,应在发生质量事故的部位及原因全部查清的基础上,在必要时,委托法定工程质量检测单位进行质量鉴定或请专家论证,以确保技术处理方案可靠、可行,保证结构安全和使用功能正常运行。

4.技术处理方案核签后，监理工程师应要求施工单位制定详细的施工方案，必要时应编制监理实施细则，对工程质量事故技术处理的施工质量进行监理，对技术处理过程中的关键部位和关键工序应进行旁站。

5.对施工单位完工自检后报验的结果，组织有关各方进行检查验收，必要时应进行处理结果鉴定。要求事故单位整理编写质量事故处理报告，并审核签认，组织将有关技术资料归档。

工程质量事故处理报告的主要内容：

（1）工程质量事故情况、调查情况、原因分析（选自质量事故调查报告）。

（2）质量事故处理的依据。

（3）质量事故技术处理方案。

（4）技术处理施工中的有关问题和资料。

（5）对处理结果的检查鉴定和验收情况。

（6）质量事故处理结论。

6.签发《工程复工令》，恢复正常施工。

第八章 水利工程项目竣工验收

对完工后的水利工程建设项目进行竣工验收，是项目施工周期的最后一个道程序，也是由建设期转为生产使用的重要标志。

第一节 水利工程验收的分类及工作内容

一、工程验收的目的

1.考察工程的施工质量

通过对已完工程各个阶段的检查、试验，考核承包人的施工质量是否达到了设计和规范的要求，施工成果是否满足设计要求的生产或使用能力。通过各阶段的验收工作，及时发现和解决工程建设中存在的问题，以保证工程项目按照设计要求的各项技术经济指标正常投入运行。

2.明确合同责任

由于项目法人将工程的设计、监理、施工等工作内容通过合同的形式委托给不同的经济实体，项目法人与设计、监理、承包人都是经济合同关系，因此通过验收工作可以明确各方的责任。承包人在合同验收结束后可及时将所承包的施工项目交付项目法人照管，及时办理结算手续，减少自身管理费用。

3.规范建设程序，发挥投资效益

由于一些水利工程工期较长，其中某些能够独立发挥效益的子项目（如分期安装的电站、溢洪道等），需要提前投入使用。但根据验收规范要求，不经验收的工程不得投入使用，为保证工程提前发挥效益，需要对提前使用的工程进行验收。

二、验收的分类

水利工程验收按照验收主持单位可分为法人验收和政府验收。

1. 法人验收

法人验收包括分部工程验收、单位工程验收、水电站（泵站）中间机组启动验收、合同工程完工验收等。

2. 政府验收

政府验收包括阶段验收〔枢纽工程导（截）流验收、水库下闸蓄水验收、引（调）水工程通水验收、水电站（泵站）机组启动验收、部分工程投入使用验收〕、专项验收（征地移民工程验收、水土保持验收、环境工程验收、档案资料验收等）和竣工验收等。

3. 验收主持单位

法人验收由项目法人（分部工程可委托监理机构）主持，勘测、设计、监理、施工、主要设备制造（供应）商组成验收工作组，运行管理单位可视具体情况而定。政府验收主持单位根据工程项目具体情况而不同，一般为政府的行业主管部门或项目主管单位。

三、 工程验收的主要依据和工作内容

1. 工程验收的主要依据

（1）国家现行有关法律、法规、规章和技术标准。

（2）有关主管部门的规定。

（3）经批准的工程立项文件、初步设计文件、调整概算文件。

（4）经批准的设计文件及相应的工程变更文件。

（5）施工图纸及主要设备技术说明书等。

（6）施工合同。

2. 工程验收的主要内容

（1）检查工程是否按照批准的设计进行建设。

（2）检查已完工程在设计、施工、设备制造安装等方面的质量及相关资料的收集、整理和归档情况。

（3）检查工程是否具备运行或进行下一阶段建设的条件。

（4）检查工程投资控制和资金使用情况。

（5）对验收遗留问题提出处理意见。

（6）对工程建设作出评价和结论。

第二节 法人验收

法人验收包括：分部工程验收、单位工程验收、水电站（泵站）中间机组启动验收、

合同工程完工验收等。

一、分部工程验收

1.分部工程验收工作组组成

分部工程验收应由项目法人（或委托监理机构）主持，验收工作组应由项目法人、勘测、设计、监理、施工、主要设备制造（供应）商等单位的代表组成。运行管理单位根据具体情况决定是否参加。对于大型枢纽工程主要建筑物的分部工程验收会议，质量监督单位宜列席参加。

2.验收工作组成员的资格

大型工程分部工程验收工作组成员应具有中级及以上技术职称或相应执业资格；其他工程的验收工作组成员应具有相应的专业知识或执业资格。参加分部工程验收的每个单位代表人数不宜超过2名。

3.分部工程验收应具备的条件

（1）所有单元工程已经完成。

（2）已完成的单元工程施工质量经评定全部合格，有关质量缺陷已处理完毕或有监理机构批准的处理意见。

（3）合同约定的其他条件。

4.分部工程验收的主要内容

（1）检查工程是否达到设计标准或合同约定标准的要求。

（2）按照《水利水电工程施工质量检验与评定规程》，评定工程施工质量等级。

（3）对验收中发现的问题提出处理意见。

5.分部工程验收的程序

（1）分部工程具备验收条件时，由承包人向项目法人提交验收申请报告。项目法人应在收到验收申请报告之日起10个工作日内决定是否同意进行验收。

（2）进行分部工程验收时，验收工作组听取承包人工程建设和单元工程质量评定情况的汇报。

（3）现场检查工程完成情况和工程质量。

（4）检查单元工程质量评定及相关档案资料。

（5）讨论并通过分部工程验收鉴定书，验收工作组成员签字；如有遗留问题应有书面记录并有相关责任单位代表签字；书面记录随验收鉴定书一并归档。

6.其他

项目法人应在分部工程验收通过之日起10个工作日内，将验收质量结论和相关资料报质量监督机构核备。大型枢纽工程主要建筑物分部工程的验收质量结论应报质量监督机构核定。质量监督机构应在收到验收结论之日起20个工作日内，将核备（定）意见书反馈至项目法人。项目法人在验收通过30个工作日内，将验收鉴定书分发有关单位。

二、单位工程验收

1. 单位工程验收工作组组成

单位工程验收应由项目法人主持，验收工作组应由项目法人、勘测、设计、监理、施工、主要设备制造（供应）商、运行管理等单位的代表组成。必要时可邀请上述单位以外的专家参加。

2. 验收工作组成员的资格

单位工程验收工作组成员应具有中级及以上技术职称或相应执业资格。每个单位代表人数不宜超过3名。

3. 单位工程验收应具备的条件

（1）所有分部工程已完建并验收合格。

（2）分部工程验收遗留问题已处理完毕并通过验收，未处理的遗留问题不影响单位工程质量评定并有处理意见。

（3）合同约定的其他条件。

4. 单位工程验收的主要内容

（1）检查工程是否按照批准的设计内容完成。

（2）评定工程施工质量等级。

（3）检查分部工程验收遗留问题处理情况及相关记录。

（4）对验收中发现的问题提出处理意见。

5. 单位工程验收的程序

（1）单位工程具备验收条件时，由承包人向项目法人提交验收申请报告。项目法人应在收到验收申请报告之日起10个工作日内决定是否同意进行验收。项目法人决定验收时，还应提前通知质量和安全监督机构，质量监督和安全监督机构应派员列席参加验收会议。

（2）进行单位工程验收时，验收工作组听取参建单位工程建设有关情况的汇报。

（3）现场检查工程完成情况和工程质量。

（4）检查分部工程验收有关文件及相关档案资料。

（5）讨论并通过单位工程验收鉴定书，验收工作组成员签字；如有遗留问题需书面记录并由相关责任单位代表签字；书面记录随验收鉴定书一并归档。

6. 其他

（1）需要提前投入使用的单位工程应进行单位工程投入使用验收。验收主持单位为项目法人，根据具体情况，经验收主持单位同意，单位工程投入使用验收也可由竣工验收主持单位或其委托的单位主持。

（2）项目法人应在单位工程验收通过10个工作日内，将验收质量结果和相关资料报质量监督机构核定。质量监督机构应在收到验收结论之日起20个工作日内，将核备（定）意见书反馈至项目法人。项目法人在验收通过30个工作日内，将验收鉴定书分发有关单位。

三、合同工程完工验收

1. 合同工程验收工作组组成

合同工程验收应由项目法人主持，验收工作组应由项目法人、勘测、设计、监理、施工、主要设备制造（供应）商等单位的代表组成。

2. 合同工程验收应具备的条件

（1）合同范围内的工程项目和工作已按合同约定完成。

（2）工程已按规定进行了有关验收。

（3）观测仪器和设备已测得初始值及施工期各项观测值。

（4）工程质量缺陷已按要求进行处理。

（5）工程完工结算已完成。

（6）施工现场已经进行清理。

（7）需移交项目法人的档案资料已按要求整理完毕。

（8）合同约定的其他条件。

3. 合同工程验收的主要内容

（1）检查合同范围内工程项目和工作完成情况。

（2）检查施工现场清理情况。

（3）检查已投入使用工程运行情况。

（4）检查验收资料整理情况。

（5）鉴定工程施工质量。

（6）检查工程完工结算情况。

（7）检查历次验收遗留问题的处理情况。

（8）对验收中发现的问题提出处理意见。

（9）确定合同工程完工日期。

（10）讨论并通过合同工程完工验收鉴定书。

4.合同工程验收的程序

合同工程具备验收条件时，由承包人向项目法人提交验收申请报告。项目法人应在收到验收申请报告之日起20个工作日内决定是否同意进行验收。

5.其他

项目法人应在合同工程验收通过30个工作日内，将验收鉴定书分发有关单位，并报送法人验收监督管理机关备案。

第三节 阶段验收

一、 阶段验收的一般规定

1.阶段验收应包括枢纽工程导（截）流验收、水库下闸蓄水验收、引（调）排水工程通水验收、水电站（泵站）首（末）台机组启动验收、部分工程投入使用验收，以及竣工验收主持单位根据工程建设需要增加的其他验收。

2.阶段验收应由竣工验收主持单位或其委托的单位主持。其验收委员会应由验收主持单位、质量和安全监督机构、运行管理单位的代表以及有关专家组成，必要时可邀请地方人民政府以及有关部门的代表参加。工程参建单位应派代表参加阶段验收，并作为被验收单位在验收鉴定书上签字。

3.工程建设具备阶段验收条件时，项目法人应提出阶段验收申请报告，阶段验收申请报告应由法人验收监督管理机关审查后转报竣工验收主持单位，竣工验收主持单位应自收到申请报告之日起20个工作日内决定是否同意进行阶段验收。

二、 阶段验收的主要内容

1.检查已完工程的形象面貌和工程质量。

2.检查在建工程的建设情况。

3.检查未完工程的计划安排和主要技术措施落实情况，以及是否具备施工条件。

4.检查拟投入使用的工程是否具备运行条件。

5.检查历次验收遗留问题的处理情况。

6.鉴定已完工程施工质量。

7.对验收中发现的问题提出处理意见。

8.讨论并通过阶段验收鉴定书。

三、 枢纽工程导（截）流验收

1.导（截）流验收应具备的条件

（1） 导流工程已基本完成，具备过流条件，投入使用（包括采取措施后）不影响其他后续工程继续施工。

（2） 满足截流要求的水下隐蔽工程已完成。

（3） 截流设计已获批准，截流方案已编制完成，并做好各项准备工作。

（4） 工程度汛方案已经由有管辖权的防汛指挥部门批准，相关措施已落实。

（5） 截流后壅高水位以下的移民搬迁安置和库底清理已完成并通过验收。

（6） 有航运功能的河道，碍航问题已得到解决。

2.导（截）流验收包括的主要内容

（1） 检查已完水下工程、隐蔽工程、导（截）流工程是否满足导（截）流要求。

（2） 检查建设征地、移民搬迁安置和库底清理完成情况。

（3） 审查截流方案，检查导（截）流措施和准备工作落实情况。

（4） 检查为解决碍航等问题而采取的工程措施落实情况。

（5） 鉴定与截流有关的已完工程施工质量。

（6） 对验收中发现的问题提出处理意见。

（7） 讨论并通过阶段验收鉴定书。

四、 水库下闸蓄水验收

1.下闸蓄水验收应具备的条件

（1） 挡水建设物的形象面貌满足蓄水位的要求。

（2） 蓄水淹没范围内的移民搬迁安置和库底清理已完成并通过验收。

（3） 蓄水后需要投入使用的泄水建筑物已基本完成，具备过流条件。

（4） 有关观测仪器、设备已按设计要求安装和调试，并已测得初始值和施工期观测值。

（5） 蓄水后未完工程的建设计划和施工措施已落实。

（6） 蓄水安全鉴定报告已提交。

（7） 蓄水后可能影响工程安全运行的问题已处理，有关重大技术问题已有结论。

（8） 蓄水计划、导流洞封堵方案等已编制完成，并做好各项准备工作。

（9） 年度度汛方案（包括调度运用方案）已经由有管辖权的防汛指挥部门批准，相关措施已落实。

2. 下闸蓄水验收的主要内容

(1) 检查已完工程是否满足蓄水要求。

(2) 检查建设征地、移民搬迁安置和库底清理完成情况。

(3) 检查近坝库岸处理情况。

(4) 检查蓄水准备工作落实情况。

(5) 鉴定与蓄水有关的已完工程施工质量。

(6) 对验收中发现的问题提出处理意见。

(7) 讨论并通过阶段验收鉴定书。

五、 引（调）排水工程通水验收

1. 通水验收应具备的条件

(1) 引（调）排水建筑物的形象面貌满足通水的要求。

(2) 通水后未完工程的建设计划和施工措施已落实。

(3) 引（调）排水位以下的移民搬迁安置和障碍物清理已完成并通过验收。

(4) 引（调）排水的调度运用方案已编制完成；度汛方案已得到有管辖权的防汛指挥部门批准，相关措施已落实。

2. 通水验收的主要内容

(1) 检查已完工程是否满足通水的要求。

(2) 检查建设征地、移民搬迁安置和清障完成情况。

(3) 检查通水准备工作落实情况。

(4) 鉴定与通水有关的工程施工质量。

(5) 对验收中发现的问题提出处理意见。

(6) 讨论并通过阶段验收鉴定书。

六、 水电站（泵站）机组启动验收

1. 启动验收的主要工作

机组启动试运行工作组应进行的主要工作如下：

(1) 审查批准承包人编制的机组启动试运行试验文件和机组启动试运行操作规程等。

(2) 检查机组及相应附属设备安装、调试、试验以及分部试验运行情况，决定是否进行充水试验和空载试运行。

(3) 检查机组充水试验和空载试运行情况。

(4) 检查机组带主变压器与高压配电装置试验和并列及符合试验情况，决定是否进行机组带负荷连续运行。

（5）检查机组带负荷连续运行情况。

（6）检查带负荷连续运行结束后消缺处理情况。

（7）审查承包人编写的机组带负荷连续运行情况报告。

2. 机组带负荷连续运行的条件

机组带负荷连续运行应符合以下条件：

（1）水电站机组带额定负荷连续运行时间为72h；泵站机组带额定负荷连续运行时间为24h或7天内累计运行时间为48h，包括机组无故障停机次数不少于3次。

（2）受水位或水量限制无法满足上述要求时，经过项目法人组织论证并提出专门报告报验收主持单位批准后，可适当降低机组启动运行负荷以及减少连续运行的时间。

3. 技术预验收

在首（末）台机组启动验收前，验收主持单位应组织进行技术预验收，技术预验收应在机组启动试运行后进行。

4. 技术预验收应具备的条件

（1）与机组启动运行有关的建筑物基本完成，满足机组启动运行要求。

（2）与机组启动运行有关的金属结构及启闭设备安装完成，并经过调试合格，可满足机组启动运行要求。

（3）过水建筑物已具备过水条件，满足机组启动运行要求。

（4）压力容器、压力管道以及消防系统等已通过有关主管部门的检测或验收。

（5）机组、附属设备以及油、水、气等辅助设备安装完成，经调试合格并经分部试运转，满足机组启动运行要求。

（6）必要的输配电设备安装调试完成，并通过电力部门组织的安全性评价或验收，送（供）电准备工作已就绪，通信系统满足机组启动运行要求。

（7）机组启动运行的测量、监测、控制和保护等电气设备已安装完成并调试合格。

（8）有关机组启动运行的安全防护措施已落实，并准备就绪。

（9）按设计要求配备的仪器、仪表、工具及其他机电设备已能满足机组启动运行的需要。

（10）机组启动运行操作规程已编制，并得到批准。

（11）水库水位控制与发电水位调度计划已编制完成，并得到相关部门的批准。

（12）运行管理人员的配备可满足机组启动运行的要求。

（13）水位和引水量满足机组启动运行最低要求。

（14）机组按要求完成带负荷连续运行。

5. 技术预验收的主要内容

(1) 听取有关建设、设计、监理、施工和试运行情况报告。

(2) 检查评价机组及其辅助设备质量、有关工程施工安装质量；检查试运行情况和消缺处理情况。

(3) 对验收中发现的问题提出处理意见。

(4) 讨论形成机组启动技术预验收工作报告。

6. 首（末）台机组启动验收应具备的条件

(1) 技术预验收工作报告已提交。

(2) 技术预验收工作报告中提出的遗留问题已处理。

7. 首（末）台机组启动验收的主要内容

(1) 听取工程建设管理报告和技术预验收工作报告。

(2) 检查机组和有关工程施工和设备安装以及运行情况。

(3) 鉴定工程施工质量。

(4) 讨论并通过机组启动验收鉴定书。

七、 部分工程投入使用验收

主要是指项目施工工期因故拖延，并预期完成计划不确定的工程项目，部分已完成工程需要投入使用的，应进行部分工程投入使用验收。

在部分工程投入使用验收申请报告中，应包含项目施工工期拖延的原因、预期完成计划的有关情况和部分已完成工程提前投入使用的理由等内容。

1. 部分工程投入使用验收应具备的条件

(1) 拟投入使用工程已按批准设计文件规定的内容完成并已通过相应的法人验收。

(2) 拟投入使用工程已具备运行管理条件。

(3) 工程投入使用后，不影响其他工程正常施工，且其他工程施工不影响拟投入使用工程安全运行（包括采取防护措施）。

(4) 项目法人与运行管理单位已签订工程提前使用协议。

(5) 工程调度运行方案已编制完成；度汛方案已经由有管辖权的防汛指挥部门批准，相关措施已落实。

2. 部分工程投入使用验收的主要内容

(1) 检查拟投入使用工程是否已按批准设计完成。

(2) 检查工程是否已具备正常的运行条件。

(3) 鉴定工程施工质量。

（4）检查工程的调度运用、度汛方案落实情况。

（5）对验收中发现的问题提出处理意见。

（6）讨论并通过部分工程投入使用验收鉴定书。

第四节 专项验收

水利工程的专项验收一般分为档案资料专项验收、征地移民专项验收等。专项验收主持单位应按国家和相关行业的有关规定确定。

一、 档案资料专项验收

水利工程的档案验收按照《水利工程建设项目档案验收管理办法》（水办〔2008〕366号）文件要求执行。

1. 档案验收应具备的条件

（1）项目主体工程、辅助工程和公用设施，已按批准的设计文件要求建成，各项指标已达到设计能力并满足一定运行条件。

（2）项目法人与各参建单位已基本完成应归档文件材料的收集、整理、归档和移交工作。

（3）监理单位对本单位和主要承包人提交的工程档案的整理情况与内在质量进行了审核，认为已达到验收标准，并提交了专项审核报告。

（4）项目法人基本实现了对项目档案的集中统一管理，且按要求完成了自检工作，并达到了《水利工程建设项目档案验收管理办法》规定的评分标准合格以上分数。

2. 档案验收申请

（1）档案验收申请的内容：项目法人开展档案自检工作的情况说明、自检得分数、自检结论等内容，并附以项目法人的档案自检工作报告和监理单位专项审核报告。

（2）档案自检工作报告的主要内容：工程概况，工程档案管理情况，文件材料收集、整理、归档与保管情况，竣工图编制与整理情况，档案自检工作的组织情况，对自检或以往阶段验收发现问题的整改情况，按照《水利工程建设项目档案验收管理办法》规定的评分标准自检得分与扣分情况，目前仍存在的问题，对工程档案完整、准确、系统性的自我评价等内容。

（3）专项审核报告的主要内容：监理单位履行审核责任的组织情况，对监理和承包人提交的项目档案审核、把关情况，审核档案的范围、数量，审核中发现的主要问题与整改情况，对档案内容与整理质量的综合评价，目前仍存在的问题，审核结果等内容。

3. 验收组织

（1）档案验收由项目竣工验收主持单位的档案业务主管部门负责组织。

（2）档案验收的组织单位，应对申请验收单位报送的材料进行认真审核，并根据项目建设规模及档案收集、整理的实际情况，决定先进行预验收或直接进行验收。对预验收合格或直接进行验收的项目，应在收到验收申请后的40个工作日内组织验收。

（3）档案验收的组织单位应会同国家或地方档案行政管理部门成立档案验收组进行验收。验收组成员，一般应包括档案验收组织单位的档案部门、国家或地方档案行政管理部门、有关流域机构和地方水行政主管部门的代表及有关专家。

（4）档案验收应形成验收意见。验收意见须经验收组2/3以上成员同意，并履行签字手续，注明单位、职务、专业技术职称。验收成员对验收意见有异议的，可在验收意见中注明个人意见并签字确认。验收意见应由档案组织单位印发给申请验收单位，并报国家或省级档案行政管理部门备案。

4. 档案验收会议主要议程

（1）验收组组长宣布验收会议文件及验收组组成人员名单。

（2）项目法人汇报工程概况和档案管理与自检情况。

（3）监理单位汇报工程档案审核情况。

（4）已进行预验收的，由预验收组织单位汇报预验收意见及有关情况。

（5）验收组对汇报有关情况提出质询，并察看工程建设现场。

（6）验收组检查工程档案管理情况，并按比例抽查已归档文件材料。

（7）验收组结合检查情况按验收标准逐项赋分，并进行综合评议、讨论，形成档案验收意见。

（8）验收组与项目法人交换意见，通报验收情况。

（9）验收组组长宣读验收意见。

5. 档案验收意见的内容

（1）前言（验收会议的依据、时间、地点及验收组组成情况，工程概况，验收工作的步骤、方法与内容简述）。

（2）档案工作基本情况：工程档案工作管理体制与管理状况。

（3）文件材料的收集、整理质量，竣工图的编制质量与整理情况，已归档文件材料的种类与数量。

（4）工程档案的完整、准确、系统性评价。

（5）存在的问题及整改要求。

（6）得分情况及验收结论。

（7）附件：档案验收组成员签字表。

二、征地移民专项验收

征地移民工程是水利工程中重要的组成部分，做好征地移民工程的验收工作对主体工程发挥效益具有重要的意义。

1.征地移民验收应具备的条件

（1）移民工程已按批准设计文件规定的内容完成，并已通过相应的验收。

（2）移民全部搬迁，并按照移民规划全部安置完毕。

（3）征地和移民各项补偿费全部足额到位，并下发到移民户。

（4）土地征用的各项手续齐全。

（5）征地移民中遗留问题全部处理完毕，或已经落实。

2.征地移民验收的主要内容

（1）检查移民工程是否按照批准设计完成，工程质量是否满足设计要求。

（2）检查移民搬迁安置是否全部完成。

（3）检查征地移民各项补偿费用是否足额到位，并是否下发到移民户。

（4）检查征地的各项手续是否齐全。

（5）对验收中发现的问题提出处理意见。

（6）讨论并通过阶段验收鉴定书。

三、其他专项工程验收

环保工程、消防工程的验收按照国家和相关行业的规定进行。

在上述工程完成后，项目法人应按照国家和相关行业主管部门的规定，向有关部门提出专项验收申请报告，并做好有关准备和配合工作。

专项验收成果性文件是工程竣工验收成果文件的组成部分，项目法人提交竣工验收申请报告时，应附相关专项验收成果性文件复印件。

第五节 竣工验收

一、竣工验收的一般规定

1.竣工验收应在工程建设项目全部完成并满足一定运行条件后1年内进行。不能按期进行竣工验收的，经竣工验收主持单位同意，可适当延长期限，但不应超过6个月。一定运行条件是指：

（1）泵站工程经过一个排水或抽水期。

（2）河道疏浚工程完成后。

（3）其他工程经过6个月（经过一个汛期）至12个月。

2.工程具备验收条件时，项目法人应提出竣工验收申请报告。竣工验收申请报告应由法人验收监督管理机关审查后转报竣工验收主持单位。

3.工程未能按期进行竣工验收的，项目法人应向竣工验收主持单位提出延期竣工验收专题申请报告。申请报告应包括延期竣工验收的主要原因及计划延长的时间等内容。

4.项目法人编制竣工财务决算后，应报送竣工验收主持单位财务部门进行审查并由审计部门进行竣工审计。审计部门应出具竣工审计意见。项目法人应对审计意见中提出的问题进行整改并提交整改报告。

5.竣工验收应具备如下条件：

（1）工程已按设计全部完成。

（2）工程重大设计变更已经被有审批权的单位批准。

（3）各单位工程能正常运行。

（4）历次验收所发现的问题已基本处理完毕。

（5）各专项验收已通过。

（6）工程投资已全部到位。

（7）竣工财务决算已通过竣工审计，审计意见中提出的问题已整改并提交了整改报告。

（8）运行管理单位已明确，管理养护经费已基本落实。

（9）质量和安全监督工作报告已提交，工程质量达到合格标准。

（10）竣工验收资料已准备就绪。

6.工程少量建设内容未完成，但不影响工程正常运行，且符合财务有关规定，项目法人已对尾工作出安排，经竣工验收主持单位同意，可进行竣工验收。

7.竣工验收的程序如下：

（1）项目法人组织进行竣工验收自查。

（2）项目法人提交竣工验收申请报告。

（3）竣工验收主持单位批复竣工验收申请报告。

（4）进行竣工技术预验收。

（5）召开竣工验收会议。

（6）印发竣工验收鉴定书。

二、 竣工验收自查

1.申请竣工验收前，项目法人应组织竣工验收自查。自查工作应由项目法人主持，勘测、设计、监理、施工、主要设备制造（供应）商以及运行管理等单位的代表参加。

2.竣工验收自查报告应包括以下主要内容：

（1） 检查有关单位的工作报告。

（2） 检查工程建设情况，评定工程项目施工质量等级。

（3） 检查历次验收、专项验收的遗留问题和工程初期运行所发现问题的处理情况。

（4） 确定工程尾工内容及其完成期限和责任单位。

（5） 对竣工验收前应完成的工作作出安排。

（6） 讨论并通过竣工验收自查工作报告。

3.项目法人组织工程竣工验收自查前，应提前10个工作日通知质量和安全监督机构，同时向法人验收监督管理机关报告。质量和安全监督机构应派员列席自查工作会议。

4.项目法人应在完成竣工验收自查工作之日起10个工作日内，将自查的工程项目质量结论和相关资料报质量监督机构。

5.参加竣工验收自查的人员应在自查工作报告上签字。项目法人应自竣工验收自查工作报告通过之日起30个工作日内，将自查报告报法人验收监督管理机关。

三、 工程质量抽样检测

1.根据竣工验收的需要，竣工验收主持单位可以委托具有相应资质的工程质量检测单位对工程质量进行抽样检测。项目法人应与工程质量检测单位签订工程质量检测合同。检测所需费用由项目法人列支，质量不合格工程所发生的检测费用由责任单位承担。

2.工程质量检测单位不应与参与工程建设的项目法人、设计、监理、施工、设备制造（供应）商等单位隶属同一经营实体。

3.根据竣工验收主持单位的要求和项目的具体情况，项目法人应负责提出工程质量抽样检测的项目、内容、数量，经质量监督机构审核后报竣工验收主持单位核定。

4.工程质量检测单位应按有关技术标准对工程进行质量检测，按合同要求及时提出质量检测报告并对检测结论负责任。项目法人应自收到检测报告10个工作日内将检测报告报竣工验收主持单位。

5.对抽样检测中发现的质量问题，应及时组织有关单位研究处理。在影响工程安全运行以及使用功能的质量问题未处理完毕前，不应进行竣工验收。

四、竣工技术预验收

1.竣工技术预验收由竣工验收主持单位组织的专家组负责。技术预验收专家组成员应具有高级技术职称或相关职业资格，成员2/3以上应来自工程非参建单位。工程参建单位的代表应参加技术预验收，负责回答专家组提出的问题。

2.竣工技术预验收专家组可下设专业工作组，并在各专业工作组检查意见的基础上形成竣工技术预验收工作报告。

3.竣工技术预验收应包括以下主要内容：

（1）检查工程是否按批准的设计完成。

（2）检查工程是否存在质量隐患和影响工程安全运行的问题。

（3）检查历次验收、专项验收的遗留问题和工程初期运行中所发现的问题的处理情况。

（4）对工程重大技术问题作出评价。

（5）检查工程尾工安排情况。

（6）鉴定工程施工质量。

（7）检查工程投资、财务情况。

（8）对验收中发现的问题提出处理意见。

4.竣工技术预验收的程序如下：

（1）现场检查工程建设情况并查阅有关工程建设资料。

（2）听取项目法人、设计、监理、施工、质量和安全监督机构、运行管理等单位工作报告。

（3）听取竣工验收技术鉴定报告和工程质量抽样检测报告。

（4）专业工作组讨论并形成各专业工作组意见。

（5）讨论并通过竣工技术预验收工作报告。

（6）讨论并形成竣工验收鉴定书初稿。

第六节 工程移交及遗留问题处理

一、工程交接

1.通过合同工程完工验收或投入使用验收后，项目法人与承包人应在30个工作日内组织专人负责工程的交接工作，交接过程应有完整的文字记录，且有双方交接负责人签字。

2.项目法人与承包人应在施工合同或验收鉴定书约定的时间内完成工程及其档案资料的交接工作。

3.工程办理具体交接手续的同时，承包人应向项目法人递交工程质量保修书，保修书的内容应符合合同约定的条件。

4.工程质量保修期应从工程通过合同工程完工验收后开始计算，但合同另有约定的除外。

5.在承包人提交了工程质量保修书、完成施工场地清理以及提交有关竣工资料后，项目法人应在30个工作日内向承包人颁发合同工程完工证书。

二、 工程移交

1.工程通过投入使用验收后，项目法人宜及时将工程移交运行管理单位管理，并与其签订工程启动运行协议。

2.在竣工验收鉴定书印发后60个工作日内，项目法人与运行管理单位应完成工程移交手续。

3.工程移交应包括工程实体、其他固定资产和工程档案资料等，应按照初步设计等有关批准文件进行逐项清点，并办理移交手续。

4.办理工程移交，应有完整的文字记录和双方法定代表人签字。

三、 验收遗留问题及尾工处理

1.有关验收成果性文件应对验收遗留问题有明确的记载。影响工程正常运行的，不应作为验收遗留问题处理。

2.验收遗留问题和尾工的处理应由项目法人负责。项目法人应按照竣工验收鉴定书、合同约定等要求，督促有关责任单位完成处理工作。

3.验收遗留问题和尾工处理完成后，有关单位应组织验收，并形成验收成果性文件。项目法人应参加验收并负责将验收成果性文件报竣工验收主持单位。

4.工程竣工验收后，应由项目法人负责处理验收遗留问题，项目法人已撤销的，应由组建或批准组建项目法人的单位或其他指定的单位处理完成。

四、 工程竣工证书颁发

1.工程质量保修期满后30个工作日内，项目法人应向承包人颁发工程质量保修责任终止证书。但保修责任范围内的质量缺陷未处理完成的应除外。

2.工程质量保修期满以及验收遗留问题和尾工处理完成后，项目法人应向工程竣工验收主持单位申请领取竣工证书。申请报告包括以下内容：

（1）工程移交情况。

（2）工程运行管理情况。

（3）验收遗留问题和尾工处理情况。

（4）工程质量保修期有关情况。

3.竣工验收主持单位应自收到项目法人申请报告后30个工作日内决定是否颁发工程竣工证书。工程竣工证书应符合以下条件：

（1）竣工验收鉴定书已印发。

（2）工程遗留问题和尾工处理已完成并通过验收。

（3）工程已全面移交运行管理单位管理。

4.工程竣工证书是项目法人全面完成工程项目建设管理任务的证书，也是工程参建单位完成相应工程建设任务的最终证明文件。

参考文献

[1] 杜守建，周长勇．水利工程技术管理．北京：中国水利水电出版社，2020.08．

[2] 张鹏．水利工程施工管理．郑州：黄河水利出版社，2020.06．

[3] 许建贵，胡东亚，郭慧娟．水利工程生态环境效应研究．黄河水利出版社，2019.07．

[4] 刘春艳，郭涛．水利工程与财务管理．北京：北京理工大学出版社，2019.03．

[5] 丁长春．水利工程与施工管理．长春：吉林科学技术出版社，2019.08．

[6] 白涛．水利工程概论．北京：中国水利水电出版社，2019.11．

[7] 孙玉玥，姬志军，孙剑．水利工程规划与设计．长春：吉林科学技术出版社，
    2019.05．

[8] 姬志军，邓世顺．水利工程与施工管理．哈尔滨：哈尔滨地图出版社，2019.08．

[9] 周苗．水利工程建设验收管理．天津：天津大学出版社，2019.08．

[10] 向垂规．现代水利工程测量技术应用与研究．中国原子能出版社，2019.11．

[11] 王东升，徐培蓁．水利水电工程施工安全生产技术．徐州：中国矿业大学出版
    社，2018.04．

[12] 何俊，韩冬梅，陈文江．水利工程造价．武汉：华中科技大学出版社，2017.09．

[13] 车传金，郝明，太强．水利工程管理．哈尔滨：东北林业大学出版社，2018.09．

[14] 王绍民，郭鑫，张潇．水利工程建设与管理．天津：天津科学技术出版社，
    2018.05．

[15] 代德富，胡赵兴，刘伶．水利工程与环境保护．天津：天津科学技术出版社，
    2018.05．

[16] 楚万强，海青．水利工程管理．西安：西北工业大学出版社，2018.04．

[17] 张星一，刘宁，李岩．水利工程管理研究．天津：天津科学技术出版社，2018.07．

[18] 李平，王海燕，乔海英．水利工程建设管理．北京：中国纺织出版社，2018.11．

[19] 胡德秀，杨杰，程琳等．水利工程风险与管理．北京：科学出版社，2017.09．

[20] 孙文中，刘冰，黄坡．水利工程施工与管理．天津：天津科学技术出版社，
    2017.07．